Beverley Nichols

Grünes Glück

Geschichte eines Gartens

Aus dem Englischen
von Brigitte Walitzek

Schöffling & Co.

Für meine Freunde nebenan

Sechste Auflage 2024

Originaltitel: *Green Grows The City*
Originalverlag: Timber Press Inc., Portland 2006

Einbandgestaltung: Anja Kappes / Anja Grimm Gestaltung
Satz: Fotosatz Amann, Memmingen
Druck & Bindung: Pustet, Regensburg
ISBN 978-3-89561-817-8

www.schoeffling.de
info@schoeffling.de

Inhalt

Kapitel 1
Wir ziehen um

Ich gebe auf«, sagte ich zu Gaskin, während ich mich in einen Sessel plumpsen ließ. »Wenn ich mir *noch* ein Haus ansehen muss, drehe ich durch. *Sie* müssen die Suche übernehmen.«

Mit gebührender Höflichkeit wies Gaskin mich darauf hin, dass er genug damit zu tun habe, *ein* Haus in Ordnung zu halten und sich um die mannigfaltigen Bedürfnisse seines Besitzers zu kümmern, ohne sich dazu noch auf die Suche nach einem zweiten begeben zu müssen.

»Es ist aber nicht zu ändern. Sie müssen. Ich werde auswärts essen, meine Kleider geben wir in die Reinigung am Ende der Straße, und Mrs Thing kann kommen und Ihnen beim Saubermachen helfen.«

Die ersten beiden Vorschläge riefen auf Gaskins Gesicht Bestürzung hervor, die sich bei der Erwähnung von Mrs Thing in Abscheu verwandelte. Mit eisiger Stimme teilte er mir mit, dass er sich, sollte Mrs Thing auch nur einen Fuß in seine Küche setzen, gegen seinen Willen gezwungen sähe, aus dem Fenster zu springen.

»Dann besorgen Sie eben jemand anderen. Es muss doch Dutzende geben. Hauptsache, Sie finden ein Haus für uns.«

Er zog die Augenbrauen hoch. Abgesehen davon war ihm keine Gefühlsregung anzumerken.

Ich griff nach der Abendzeitung. (Ach ja, die Niedertracht und Ruchlosigkeit von Arbeitgebern, die einer Auseinandersetzung aus dem Weg gehen wollen, von der sie wissen, dass sie sie nicht gewinnen können!) »Und jetzt« – als sei das Thema damit erledigt – »hätte ich gern einen Drink.«

»Einen großen?« Wie viel Bedeutung man doch in zwei Worte legen kann.

»Einen sehr großen.«

*

Ich sehnte mich nach Grün. Ich verzehrte mich nach dem nächtlichen Rauschen von Bäumen. Ich vermisste das Gefühl von Gras anstelle des ewigen Asphalts unter meinen Füßen, und wäre es nur ein kleines, staubiges Stückchen Rasen. Es wäre zumindest nachgiebig und lebendig und würde einen Teil seiner Lebendigkeit auf mich übertragen.

Ich hatte dieses Gefühl noch nie gehabt. Früher,

als ich die Hälfte meiner Zeit auf dem Land verbringen konnte, hatte ich die Stadt als lebendig und bunt und anregend empfunden. Wenn man von Freitag bis Dienstag von Wiesen und Feldern und Hecken umgeben ist, besitzt man Kraftreserven, die einen selbst die längste und dunkelste Straße entlangtragen. Wenn man seine Lungen mit frischer, sauberer Luft gefüllt hat, angereichert mit den berauschenden Düften der Natur – dem Duft von Moos nach einem Regen oder von Bohnenfeldern am Abend, dem Rauch brennender Apfelholzscheite, dem unbeschreiblichen Hauch, der wie ein Zauber über einem frischgemähten Rasen liegt – wenn man all diese Wonnen tagelang genießen durfte, können die giftigen Ausdünstungen der Stadt einem nichts anhaben.

Doch wenn man Woche für Woche nur von Mauern und Steinen umgeben ist, so wie es mir jetzt ging, schwinden alle Widerstandskräfte langsam aber sicher dahin, bis man zu guter Letzt von einer Art Hysterie befallen wird. Die Stadt verwandelt sich in ein Gefängnis, die Häuser werden zu Gefängnismauern, die Schornsteine zu Zinnen, jeder Passant ist ein Gefängniswärter, und der Himmel verbirgt sich hinter einem Gitter aus Rauch.

An diesem Punkt war ich angelangt. Ich war innerlich so angespannt, dass ich glaubte, platzen zu müssen, wenn ich gezwungen wäre, noch länger in dem kleinen Haus in Westminster zu bleiben. Westminster! Wie angenehm es gewesen war, diesen Namen auf dem eigenen Briefpapier zu sehen. Manch einer würde sicher denken, man hätte etwas mit dem Unterhaus zu tun (obwohl das Elektrizitätswerk viel näher lag). Westminster klang nach Zylinderhüten, die im Schatten der Platanen des Smith Square durch die Frühlingsluft schwebten, kurz vor 1.30 Uhr die Lord North Street entlangdrifteten und auf einen kleinen Sheraton-Tisch segelten, während ihre Besitzer sich nach oben begaben, um mit Lady Sibyl Colefax zu lunchen. Ein hübscher Name, Westminster. Man dachte dabei an Winston Churchill, Erzbischöfe, nächtliche Glockenschläge, Schuljungen, die sich um Süßigkeiten balgten und die grauen, schnell dahineilenden Wasser der Themse. Man dachte an einen berühmten Herzog und eine ganze Reihe von Herzoginnen. Ein klangvoller Name für ein abscheuliches, feuchtes, dreckiges, nebliges Loch, wenn Sie mich fragen. Wenn Sie auf die Dächer der ach so reizvollen georgianischen Häuser stiegen – Dächer, bei denen man meinen könnte, Walt Disney habe sie zur speziellen Ergötzung von Zwergen, Hexen und Poltergeistern erschaffen –, würden Sie einige der finstersten Hinterhöfe Englands zu Gesicht bekommen. Und über diesen Hinterhöfen (und über den georgianischen Häusern) hängen die grauen, giftigen Dunstschwaden der Themse. Das heißt, eigentlich war ich zu der Überzeugung gelangt, dass jeder Londoner Nebel von meiner eigenen Haustür ausging – ein kleines gelbes Wölkchen, nicht größer als eine Männerhand, das sich genau über meinem Briefkastenschlitz bildete, die Straße hinunter waberte, sich auf den großen Platz wälzte, in die Platanen aufstieg und von dort ganz London vereinnahmte, den Verkehr zum Erliegen brachte, Millionen Kehlen kitzelte und Millionen Seelen mit Schwermut füllte.

Schluss damit. *J'en avais assez.*

*

Eine Nacht vergeht, ein Tag. Ich sitze im selben Sessel und sehe Gaskin ungläubig, nein, fassungslos an. Denn soeben hat er folgende Worte geäußert:

»Ich glaube, ich habe ein Haus gefunden, das Ihren Vorstellungen entspricht, Sir.«

»Sie glauben – «

Es verschlug mir die Sprache. Was Gaskin da sagte, war völlig unmöglich. Wild entschlossen, keinen Anlass für das Erscheinen von Mrs Thing zu liefern, hatte er das Haus erst gegen elf Uhr verlassen. Wenn man eine halbe Stunde für den Weg nach Heathstead rechnete, den Stadtteil meiner Wahl, eine halbe Stunde für den Rückweg, eine halbe Stunde beim Makler und eine halbe Stunde fürs Mittagessen, hatte er für seine Suche genau drei Stunden Zeit gehabt. Und ich war seit drei Monaten damit zugange.

Es war mehr als unmöglich. Es war zum Aus-der-Haut-Fahren.

»Ich wüsste nicht, wie Sie das geschafft haben könnten«, bemerkte ich.

Als Antwort überreichte er mir einen Vordruck des Maklers mit Angaben zum Haus Nummer 5 Highways Close, Heathstead.

»Haben Sie das Haus gesehen?«

»Gewiss, Sir. Es ist ein sehr hübsches kleines Haus.«

»Modern?«

»Ja, aber sehr hübsch.«

Ich schniefte. Ich studierte den Vordruck. »Es ist nur zu pachten, nicht zu kaufen. Ich wollte aber kaufen.«

»Da der Pachtvertrag über 999 Jahre läuft, dachte ich, das sei vielleicht ausreichend.«

»Hier steht nichts über eine Garage.«

»Sie ist nicht sehr groß, aber sehr nett.«

»Auf welcher Höhe liegt das Haus?«

»Einhundertsechsundzwanzig Meter über dem Meeresspiegel.«

Offenbar war es unmöglich, gegen Gaskin anzukommen. Ich unternahm einen letzten Versuch.

»Natürlich hat es keinen Garten.

»Einen kleinen.«

Ich gab auf. »Also gut. Ich kann es mir ja immerhin einmal ansehen.« Und ein wenig ungnädig fügte ich hinzu: »Vielen Dank.«

*

Der Vorort Heathstead liegt hoch über London, höher, so erzählen einem die Einwohner, als die Spitze der St. Paul's Kathedrale, die sich zu schwindelnden 111 Metern emporschwingt. Jedenfalls ist die Luft so süß und rein, dass man kaum glauben kann, dass man sich in der Nähe einer Großstadt befindet. Wenn London in Nebel gehüllt ist, liegt Heathstead oft in strahlendem Sonnenschein. Natürlich dringt der Nebel manchmal auch zu uns vor, aber bis er die Spitze des

Hügels erreicht hat, hat er einen großen Teil seiner Widerwärtigkeit verloren und sich in freundliche Dunstfetzen aufgelöst, die die Bäume zart umschleiern und dekorativ über das Dach der alten Kirche hinwegziehen.

Es erübrigt sich zu sagen, dass ich an jenem ersten Nachmittag in keiner sehr freundlichen Stimmung war. Ich litt immer noch unter einem extremen Gefühl der Minderwertigkeit, weil Gaskin in drei Stunden geschafft hatte, was mir in drei Monaten nicht gelungen war. Und obwohl ich in einem Zustand war, der an Panik grenzte (der Mietvertrag für das Haus in Westminster lief in sechs Wochen ab), konnte ich die heimliche Hoffnung nicht unterdrücken, dass dieses Haus genauso furchtbar sein würde wie alle anderen. »Bestimmt ist es feucht«, entschied ich. »Das muss der Haken sein. Zumindest kann man immer *sagen*, dass ein Haus feucht ist. Und bis das Gegenteil bewiesen ist, ist der erste Glanz von Gaskins Triumph längst verblasst.«

Wir brauchten im dicksten Berufsverkehr nur eine knappe halbe Stunde von Westminster nach Heathstead. Oder, falls Ihnen das lieber ist, zwanzig Minuten von Hyde Park Corner beziehungsweise zehn Minuten von der Baker Street. Darüber konnte ich mich also nicht beklagen. Auch nicht über das eigenartig »ländliche« Gefühl, das einen befiel, sobald man den Hügel hinauffuhr. Und auch nicht über die ungestörte Stille der Straße, in die wir, oben angekommen, plötzlich abbogen.

»Da ist es«, sagte Gaskin und deutete auf das untere Ende der Straße.

»Wo?«, fragte ich, denn ich sah nur eine Menge Grün.

»In der kleinen Senke hinter den Bäumen.«

»In der kleinen Senke hinter den Bäumen.« Der Satz hatte einen sehr angenehmen Klang. Vielleicht besaß er nicht gerade die beschwörende Magie von »hinter den sieben Bergen, bei den sieben Zwergen«, aber er klang sehr nett und heimelig.

Und tatsächlich, da war es, oder vielmehr, da waren sie, »in der kleinen Senke hinter den Bäumen«. Fünf kleine Häuser, gemütlich in einen Seitenausläufer der Straße eingekuschelt. Keine Reihenhäuser, natürlich nicht, nichts derart Gewöhnliches. Beziehungsweise nicht direkt, nicht wirklich aneinandergebaut – auch wenn sie in der Art siamesischer Zwillinge miteinander verbunden waren. Womit ich meine, dass sie aussahen, als stünden sie einzeln. Erst wenn man genauer hinsah, bemerkte man ein unauffälliges architektonisches Gebilde, eine Art Bogen, der jedes mit seinem Nachbarn verband.

»Ruhig ist es ja«, gestand ich ein.

Das war es. Obwohl die große Straße oben auf dem Hügel mit ihren unablässig nach Norden dröhnenden Verkehrsmassen kaum hundert Meter entfernt war, dämpfte das steile Gefälle der Highways Road das Getöse zu einem leisen, nicht unangenehmen Murmeln. Und sobald man in die Highways Close einbog, verlor sich sogar dieses Murmeln. Stattdessen nahm man plötzlich alle möglichen ländlichen Geräusche wahr, von denen man gedacht hatte, man hätte sie für immer vergessen – das Rascheln von Drosseln im Unterholz, das Knarren von Zweigen, die sich im Wind aneinander rieben, das leise Flüstern von Regentropfen auf Herbstlaub.

Während wir dort standen, schlug eine Uhr in der Ferne fünf. Ich hob den Kopf und sah etwa eine Meile entfernt den hohen Turm der Kirche von Heathstead, der aus einem Nest aus Bäumen aufragte. Einen Moment lang spielte ich mit dem Gedanken, Gaskin gegenüber eine mythische Befürchtung bezüglich dieser Glocken zum Ausdruck zu bringen und zu sagen, dass sie uns nachts garantiert wachhalten würden. Aber ich brachte es nicht über mich. Sie klangen an diesem Herbstabend so süß und erinnerten mich so sehr an eine andere Kirche, die ich vor langer Zeit gekannt hatte. Es war fast ein Wunder, dass man sie so deutlich hören konnte.

»In der Nummer 5 ist es noch ruhiger«, sagte Gaskin.

Das war es. Die Highways Close beschrieb einen scharfen Bogen, und am Ende lag die Nummer 5. Ein schlichtes, fast bescheidenes kleines Haus mit rotem Ziegeldach und apfelgrünen Fensterläden.

»Ich dachte, Sie hätten gesagt, es gibt einen Garten?«

»Er liegt nach hinten hinaus.«

»Sehen wir es uns an.«

Wir gingen hinein. Aber anders, als Sie vielleicht denken, sahen wir uns den Garten nicht als Erstes an. Ich ließ ihn bewusst außer Acht, da das Haus selbst so erfreulich war. Ein großes, helles, luftiges Zimmer würde ein perfektes Musikzimmer abgeben. Ein kleines Esszimmer grenzte daran an. Es gab ein Arbeitszimmer mit Blick auf ein paar Sträucher. Es gab drei Schlafzimmer und zwei Badezimmer und eine Menge Stauraum. Alles zusammen wirkte heiter und unaufdringlich und war genau die Art von Haus, in der Menschen wohnen sollten.

»Es ist großartig«, sagte ich zu Gaskin. »Dann wollen wir uns einmal den Garten ansehen.«

In diesem Augenblick bewies Gaskin seine überragenden Qualitäten, indem er sich unter dem Vorwand zurückzog, sich mit gewissen Geheimnissen der Küche vertraut machen zu wollen. Denn mit einem Takt, der vielen von denen, die sich für etwas Besseres halten als er, zur Ehre gereicht hätte, spürte er, dass dies ein schwieriger Moment für mich war. Angesichts meiner Erinnerungen an einen anderen Garten können wir mit Fug und Recht sagen, dass er tatsächlich schwierig war, ohne uns der Sentimentalität schuldig zu machen.

»Grundgütiger!«

Ich stand am Fenster. Draußen war es inzwischen fast völlig dunkel, es regnete in Strömen, und der Wind trieb die Blätter einer riesigen Trauerweide im Garten nebenan vor sich her. Von einem leeren, unbeheizten Haus aus betrachtet, wäre das alles selbst im Idealfall ein melancholischer Anblick gewesen. Doch weder das Fallen der Blätter noch das Fallen des Regens, noch das Schwinden des Tages oder meinetwegen auch des Jahres drückten mir in diesem Augenblick auf die Seele. Sondern die Tatsache, dass dieser »Garten« zweifellos das hässlichste, trostloseste Stückchen Erde war, das je von menschlichen Füßen betreten wurde – vom Niemandsland des Krieges einmal abgesehen.

Zum einen war er ein starres, kompromissloses Dreieck, dessen Grundlinie das Haus bildete. Zwei Holzzäune von der massengefertigten, kreosotbehandelten Sorte liefen von beiden Seiten des Hauses etwa zwanzig Meter aufeinander zu und prallten dann in einem spitzen, zornigen Scheitelpunkt zusammen.

Da Sie in diesem Büchlein noch so viel über dieses Dreieck hören werden, habe ich eine Fotografie eingefügt, damit Sie sehen, dass ich nicht übertreibe.

Sie heißt zwar »Wie es anfangs aussah«, zeigt aber nicht die volle Grauenhaftigkeit des Bildes, das ich an jenem trüben Oktobernachmittag vor Augen hatte. Zum einen haben Backsteinmauern die hässlichen Holzzäune ersetzt, auch wenn die linke Mauer noch nicht ganz fertig ist. Zum anderen gibt es schon eine kleine Terrasse, so dass man zumindest irgendwohin treten konnte, statt in dem ursprünglichen Meer aus Matsch zu versinken. Und vor allem bleibt Ihnen auf dem Foto der Anblick dreier abgrundhässlicher, schwarz verfärbter Pappelstümpfe erspart, die in der Spitze des Dreiecks aufragten und seine Dreieckigkeit noch mehr betonten.

Während ich am Fenster stand, richtete sich meine ganze Aufmerksamkeit auf diese drei Pappelstümpfe. Hätte ich gewusst, dass sie vor Ablauf weniger Wochen Anlass einer heftigen Auseinandersetzung würden, hätte ich sie sicher noch aufmerksamer betrachtet. Wie monströs sie waren! Jeder etwa zwei Meter hoch, kopflos, mit ein paar kränklichen Trieben, die sich aus der Schnittfläche in die Luft reckten. Sie sahen aus wie vom Wind umgestülpte Regenschirmgerippe. Und sie waren als Dreieck arrangiert – als sei der Garten nicht so schon dreieckig genug.

Garten! Hätte ich die Angewohnheit gehabt, das Geräusch auszustoßen, das in Romanen gemeinhin als »hohles Lachen« bezeichnet wird, wäre dies eine gute Gelegenheit für das hohlste Lachen gewesen, das je über London hinweghallte. Garten! Ich machte einen Schritt nach draußen. Und versank in Matsch. Bis über die Knöchel. Bauarbeiter hatten ein paar Bretter zurückgelassen, auf denen ich mich mühsam zum Scheitelpunkt vorkämpfte.

Dort drehte ich mich um. Immerhin waren wir nicht so ›einsehbar‹, wie ich gefürchtet hatte. Und hier, im Scheitelpunkt, ließ das Dreieck sich fast vergessen. Aber die Vorstellung, diese unmöglich geschnittene Monstrosität könne je etwas anderes sein als ein Katzenauslauf, war – ach, es war einfach zu lächerlich.

Gut, ein Katzenauslauf. Abgesehen davon würde ich diesen sogenannten Garten einfach ignorieren. Mit diesem Entschluss ging ich ins Haus zurück.

»Wir nehmen es«, sagte ich zu Gaskin, allerdings weniger enthusiastisch, als ich es noch vor fünf Minuten war.

»Sie haben den Garten gesehen, Sir?«

»Ja, habe ich. Er wird einen guten Katzenauslauf abgeben.«

Wir verließen das Haus, schlossen ab und gingen nach einem letzten Blick zurück das kleine Sträßchen entlang.

Als wir an der Nummer 1 vorbeikamen, blieb ich stehen. Das Haus war etwas größer als die anderen und hatte einen zusätzlichen Schornstein. Vor allem aber hatte es einen hübschen, etwas tiefer liegenden Vorgarten mit einer niedrigen Mauer zur Straße hin. Wer immer hier wohnte, besaß unzweifelhaft Geschmack. Zahlreiche Steingartenpflanzen sprossen zwischen Steinplatten hervor, die in einem geschmackvollen Muster verlegt waren, und in der Mitte lag ein ovaler Teich, in dem eine Fontäne sprudelte. Ein gelegentliches Aufglänzen im Wasser ließ auf Goldfische schließen.

Ich drehte mich zu Gaskin um. »Die Fische können sich in diesem Teich unmöglich wohlfühlen«, sagte ich zu ihm. Dann überkam mich ein leiser Verdacht. Waren sie vielleicht aus Zelluloid?

Aber nein. Die Goldfische bewegten sich. Und es wäre wohl zu viel gewesen, zu hoffen, dass sie mechanisch betrieben wurden.

»Die reinste Tierquälerei.«

Ich wollte gerade genauer hinsehen, als Gaskins Ausdruck würdevoller Missbilligung mich davon abhielt.

»Was ist?«

Er antwortete nicht, aber seine Augen huschten für den Bruchteil einer Sekunde zu den oberen Fenstern der Nummer 1. Ich folgte seinem Blick und sah die leise Bewegung eines Vorhangs und den Schatten einer Frau mit sehr großer Nase. Diskret wandte ich mich ab.

»Wer ist das?«, erkundigte ich mich.

»Mrs Heckmondwyke«, sagte Gaskin im Ton kalter Verachtung.

»Mrs was?«

»Heckmondwyke«, wiederholte er. »Eine überaus neugierige Person. Gestern hat sie mich auf der Straße angehalten und gefragt, ob sie einen Moment hineinkommen könne. Sie habe immer schon einmal sehen wollen, wie ihr Garten über den Zaun hinweg aussieht.«

»Haben Sie sie gelassen?«

»Selbstverständlich *nicht*!«

»Meinen Sie, das war richtig?«

»Ja, Sir, das meine ich.«

Aber was haben Sie gesagt? Welchen Grund haben Sie angegeben?«

»Ich habe gesagt, Sie hätten strikte Anweisung gegeben, niemanden ins Haus zu lassen, solange Sie sich nicht entschieden hätten.«

»Ach du je«, war alles, was mir dazu einfiel. Es war sehr deprimierend. »Ich hoffe nur, wir haben sie uns nicht zum Feind gemacht.«

Gaskin äußerte sich nicht zu dieser Bemerkung, doch seine Lippen pressten sich zu einer entschlossenen Linie zusammen. »Ich kenne diesen Typ«, sagte er.

»Aber sie ist eine Nachbarin, und wir werden nur vier Häuser von ihr entfernt leben müssen.«

»Ja, Sir«, sage Gaskin. »Das ist sie, und das werden wir wohl.« Dann sah er mich bedeutungsvoll an und fügte hinzu: »Ich glaube, Sir, es wird das Beste sein, wenn Sie sich möglichst für sich halten.«

Woraufhin wir nach Westminster zurückfuhren.

Kapitel 11
Vorortsturm

Wir zogen etwa zu dem Zeitpunkt in die Nummer 5 Highways Close ein, als Mussolini in Abessinien einmarschierte, was nicht so irrelevant ist, wie es vielleicht klingt. Das Großartige an einem Umzug ist nämlich unter anderem, dass er einen die Situation in Europa völlig vergessen lässt. Kein anderes Mittel ist ähnlich effektiv. Keine der anderen treibenden Kräfte der Menschheit, weder die Liebe noch die Eifersucht, weder Gier noch Angst, bewirken, dass man die Situation in Europa vergißt. Vielmehr deprimieren sie einen nur noch mehr. Ein Umzug ist die einzig wirksame Methode.

In den Wochen vor dem großen Tag hallte ein Satz ständig in meinen Ohren wider. Er lautete: »Ich möchte Sie gewiss nicht davon abbringen, Sir, *aber.*« So unglaublich es klingen mag, kamen diese Worte von Mr Peregrine, dem Innenausstatter. Wann immer mir etwas Absurdes in den Sinn kam, beispielsweise die Wand zwischen Ess- und Wohnzimmer einzureißen oder eine Bar in den »Garten« hinauszubauen, mochte Mr Peregrine mich-gewiss-nicht-davon-abbringen-*aber*.

»Wie finanzieren Sie eigentlich Ihren Lebensunterhalt, Mr Peregrine, wenn Sie die Leute ständig von allen möglichen Sachen abbringen?«

»Ich möchte Sie ganz gewiss *nicht* …«, begann Mr Peregrine.

»Ich weiß, aber Sie tun es. Sie haben mich bereits davon abgebracht, mindestens hundert Pfund zum Fenster hinauszuwerfen.«

Mr Peregrine, der aussieht wie ein Botschafter am britischen Königshof, zuckte nur die Schultern.

»Sie müssten die Leute zum Geldausgeben animieren, Mr Peregrine. Ich an Ihrer Stelle würde es tun.«

Mr Peregrine gab vor, mir nicht zu glauben. Aber ich würde. Ich würde die Leute wie verrückt animieren.

Jedenfalls gelang es mir trotz des abbringenden Einflusses von Mr Peregrine, eine mehr als beträchtliche Menge Geld auszugeben. Es war nämlich das erste wirklich moderne Haus, das ich je besessen hatte, und ich wollte seine Modernität weitestgehend nutzen. Und so erstand ich als

Erstes einen Kühlschrank, ein Gerät, das für einen großen Teil der britischen Bevölkerung immer noch etwas ziemlich Gewagtes, wenn nicht gar Schockierendes ist – ähnlich wie französische Unterwäsche. Dieser Kühlschrank fasziniert mich bis zum heutigen Tag, ist mir gleichzeitig aber auch ein wenig unheimlich. Diese Eiswürfel, die sich unerklärlicherweise in den dunklen Stunden der Nacht bilden! Diese Kälte, die aus dem Nichts plötzlich einfach da ist! Einmal schrieb ich sogar eine Geschichte über einen Geist in einem Kühlschrank, aber sie war so gruselig, dass ich sie beiseitelegen musste.

Außerdem kaufte ich einen Wasserenthärter, der sich als sehr zivilisierender Einfluss erwies. Und einen elektrischen Ventilator, der allerdings weggegeben werden musste, weil die Katzen ständig damit spielen wollten. Und einen Kaffeekocher, der wie eine Furie kreischt, wenn seine Stunde gekommen ist. Die Dinge, die ich kaufte, nahmen und nahmen kein Ende.

Doch der größte Teil des Geldes wurde nicht etwa dafür ausgegeben. Absolut nicht. Der größte Teil des Geldes wurde dafür ausgegeben, das Haus so aussehen zu lassen, als sei überhaupt nichts dafür ausgegeben worden. Sie wissen sicher, was ich meine. Unauffällige Schlichtheit. Vorhänge aus einfachem Leinen. Indirekte Beleuchtung. Ein oder zwei behäbige Armsessel. Ein Piano aus unpoliertem Walnussholz. Mehr nicht. Falls Sie dem Trugschluss unterliegen sollten, dass derlei Dinge billig sind, kann ich Sie nur bitten, mir zu glauben, dass das Gegenteil der Fall ist. Nichts auf dem Gebiet der Inneneinrichtung kostet so viel wie der Versuch, irgendetwas wie Nichts aussehen zu lassen – sofern es die richtige Art von Nichts ist (das Gleiche gilt übrigens auch für Frauenkleidung). Es ist billiger, Museumsexponate zu kaufen, die Fußböden mit Aubusson-Teppichen auszulegen und die Wände mit Corots vollzuhängen.

Doch endlich war es so weit. Das letzte Nichts hatte seinen Platz gefunden, die Betten waren gelüftet. Wir brauchten nur noch einzuziehen. Was wir, um es kurz zu machen, taten.

Da das hier, ob Sie es glauben oder nicht, ein Buch über einen Garten ist, erspare ich Ihnen die Aufzählung einer Menge Abenteuer, die relevant wären, handelte es sich um ein Buch über ein Haus. Sicher sind Sie froh darüber.

In der folgenden Woche kam Mr Peregrine vorbei, um ein leckes Abflussrohr zu begutachten. Um es in Augenschein nehmen zu können, musste er durch die Glastür des Wohnzimmers nach draußen gehen und das Dreieck betreten. Ich begleitete ihn, da ich verständlicherweise großes Interesse an einem Abflussrohr hatte, das 999 Jahre mein eigen sein würde.

Nachdem das Rohr sein Geheimnis preisgegeben hatte, drehte Mr Peregrine sich um und betrachtete das Dreieck. Dann betrachtete er mich und sagte im Tonfall eines Mannes, der einem Meister gegenüber steht:

»Ich nehme an, wir werden hier bald Großes zu sehen bekommen, Sir.«

Ich hatte keine Ahnung, was er meinte.

»Wir wissen schließlich alle«, fügte er hinzu, »was für ein leidenschaftlicher Gärtner Sie sind.«

Was sollte ich dazu sagen? Ich versuchte, das Thema zu wechseln. Ohne Erfolg.

»Haben Sie schon konkrete Pläne, Sir?«

»Nein, habe ich nicht.«

»Die Form ist natürlich ein wenig unglücklich.«

»Sehr unglücklich.« Ich zermarterte mir das Hirn auf der Suche nach einer Idee. „Wir könnten Rasen verlegen«, sagte ich, nur um irgendetwas zu sagen. »Und –«

Mr Peregrine schien Worte von großer Weisheit zu erwarten. Aber mir fielen überhaupt keine

Worte ein. Das alles war dermaßen unerquicklich und schmerzlich.

»Und dann«, fuhr ich, schon zum Haus gewandt fort, »könnten Sie diese drei abgrundhässlichen und dazu noch gefährlichen Pappelstümpfe verschwinden lassen. Wir wollen schließlich nicht, dass sie umkippen und den Zaun demolieren.«

Das, hätte man meinen sollen, sei das Ende der Angelegenheit gewesen. Es erwies sich als der Anfang. Tatsächlich könnte man fast sagen, es sei der Anfang unserer ganzen Geschichte.

Denn die Episode der Pappelstümpfe ließ mich erkennen, dass ich nicht mehr mitten auf dem Land lebte und nicht mehr Herr über alles war, was mich umgab. Vielmehr war ich umgeben von kleinen, souveränen Staaten, die allesamt extrem nationalistisch und von geheimnisvollen und potentiell feindlichen Stämmen bevölkert waren, die in der Geschichte der Vororte gemeinhin unter der Gattungsbezeichnung »Nachbarn« zusammengefasst werden.

*

Lassen Sie uns einen Moment topographisch werden. Es ist zwar langweilig, aber notwendig.

Angenommen, Sie hätten mein Haus in dieser

Anfangsphase betreten und wären durch die Diele ins Wohnzimmer gegangen. Was hätten Sie gesehen?

Natürlich das Dreieck. Es war unmöglich, es nicht zu sehen. Es sprang einen geradezu an.

Jenseits des Dreiecks hätten Sie nur Bäume gesehen, einige davon sehr schön, und gelegentlich ein Dach oder eine Dachgaube, die unaufdringlich dazwischen hervorlugten. Und jenseits der Bäume, weit unten, London. Eine verworrene Masse aus Dächern, Türmen und Zinnen, mal grau, mal funkelnd, je nach Laune des Wetters.

Das hätten Sie gesehen, hätten Sie den Blick nach vorn gerichtet.

Drehen Sie den Kopf jetzt bitte nach rechts. Entzückt registrieren Sie, dass das Einzige, was Sie auf den ersten Blick sehen, eine große, glatte Rasenfläche ist, groß genug für einen ausgewachsenen Tennisplatz, obwohl ich hoffe, dass niemand auf die Idee kommen wird, einen anzulegen. Der Rasen gehört der »Dame nebenan«, die in dieser Geschichte nur am Rand vorkommen wird.

Lassen Sie uns nun nach links blicken. Wir sehen vier kleine Häuser, unserem eigenen sehr ähnlich, obwohl einige Markisen haben, andere nicht, und einige mit Kletterpflanzen bewachsen sind, andere nicht. Sie sind geschickt so gruppiert, dass man das Gefühl hat, sie könnten sich gegenseitig nicht einsehen. Alle wirken wie Einzelhäuser und haben kleine Gärten. Mein Haus und die Nummer 4 sind die einzigen, die mit einem Dreieck geschlagen sind. Aber vielleicht wird es klarer, wenn wir es so darstellen:

Mein Haus ist die Nummer 5. Die Nummern 4, 3 und 2 können wir für den Moment außer Acht lassen. Nicht außer Acht lassen können wir die Nummer 1. Nicht etwa, weil sie ein bisschen größer ist als die anderen, mit einem zusätzlichen Schornstein, einer breiteren Terrasse und einem kleinen

»Wassergarten« vor und hinter dem Haus. Auch nicht, weil Mrs Heckmondwyke unendliche Sorgfalt und unverschämt viel Geld für diesen »Wassergarten« aufwendet (und außerdem schummelt, wie sich später herausstellte. Denn wenn die Seerosen blühen, geht sie zu Woolworth, kauft künstliche Blüten, die eigentlich dazu gedacht sind, in Schalen auf dem Esstisch zu schwimmen, und verteilt sie zwischen den breiten, flachen Blättern der Seerosen. Zu meinem unendlichen Bedauern muss ich zugeben, dass das Ergebnis widerwärtig realistisch aussieht). Aber nicht aus diesen Gründen ist es unmöglich, die Nummer 1 zu ignorieren. Der Grund ist der, dass die Nummer 1 es anscheinend unmöglich findet, uns zu ignorieren.

Mrs Heckmondwyke, die Witwe eines Offiziers, der im Dienst Seiner Majestät in Indien zu Tode kam, beobachtet jede unserer Bewegungen hinter ihren Vorhängen hervor. Aber nicht nur uns persönlich widmet sie diese schmeichelnden Aufmerksamkeiten. Noch faszinierter ist sie von unseren Gärten. Nichts kann gepflanzt, ausgerupft, gestutzt oder besprüht werden, ohne dass sie darüber Bescheid weiß. Nicht etwa weil sie uns immer und überall sehen könnte: die Gärten sind, wie bereits gesagt, so angelegt, dass wir alle ein bisschen Privatsphäre haben können. Sie scheint es einfach so herauszufinden. Sähe sie nicht so extrem britisch aus, würde ich schwören, dass sie Indianerblut in den Adern hat und ihre Nächte damit verbringt, in merkwürdigen Positionen, ein Ohr am Boden, hinter den Lorbeerbüschen zu lauern.

Es erübrigt sich zu sagen, dass nichts davon mir zu dem Zeitpunkt bekannt war, um den es hier geht. Nachbarn statten einander keine Besuche ab, jedenfalls nicht in England, nicht einmal, wenn sie in einem winzigen Vorortsträßchen wohnen. Es braucht schon eine Katastrophe, beispielsweise einen Krieg oder einen Generalstreik oder ein missliebiges Naturereignis, um das gesellschaftliche Eis englischer Vororte zu brechen.

So war es auch in diesem Fall. Ein Sturm war schuld. Das heißt, vielleicht nicht der Sturm an sich. Aber die Sturmwolken im Haus waren denen draußen so ähnlich, dass es praktisch auf das Gleiche hinausläuft.

Ich liebe Wind. Und hier draußen, so hoch über der Stadt, wo die Luft so sauber und frisch ist, liebe ich ihn ganz besonders. An dem Tag, von dem ich nun berichten will, war die Luft erfüllt von wirbelnden Blättern. Ich drückte die Nase ans

Fenster und sah hinaus. Und dann wehte der Wind eine Frau durch die Tür.

Wir begrüßten einander. Es war die Frau, deren Schatten ich am ersten Tag hinter den Vorhängen ihres Hauses gesehen hatte. Sie war sehr groß, etwa fünfzig Jahre alt, grauhaarig, mit schmalen Lippen und einer Nase, die wohlwollende Menschen vielleicht als »patrizisch« bezeichnet hätten, mich aber an den Herzog von Wellington erinnerte. Sie war flachbrüstig, hatte große Füße, eine raue Stimme und schien eine Dame zu sein. Ja, das schien sie.

»Ich muss mich dafür entschuldigen«, japste sie, weil der Wind ihr den Atem genommen hatte, »dass ich so einfach bei Ihnen hereinplatze.« Aber bevor ich darauf antworten konnte, war sie schon ans Fenster geeilt und blickte hinaus. »Ah!«, rief sie aus. »Da sind sie ja! Sie sind noch da!«

Ich folgte ihrem Blick, konnte aber nichts und niemanden sehen. »Wer ist noch da?«, fragte ich.

»Meine Bäume!«

»Ihre Bäume?« Ich war verwirrt. Soweit ich es über drei dazwischenliegende Gärten hinweg erkennen konnte, machten Mrs Heckmondwykes Bäume nicht den Eindruck, als sei ihnen etwas zugestoßen oder als würde ihnen in absehbarer Zeit etwas zustoßen. Sicher, der Wind nahm von Minute und Minute zu und zauste sie recht heftig hin und her, aber gesund und kräftig, wie sie waren, hielten sie sicher bedeutend mehr aus.

»Nur keine Sorge«, sagte ich. »Es wird ihnen nichts geschehen.«

»Nein?«, rief sie eifrig. »Wirklich nicht?«

Hatte sie vielleicht eine Spur zu tief ins Glas geguckt? Ihr Verhalten war mir absolut unerklärlich. Aber lange nicht so unerklärlich wie ihre nächste Bemerkung.

»Dann haben Sie sich also umentschieden? Wirklich?«

Ich zwinkerte mit den Augen. Kein Zweifel, einer von uns hatte den Verstand verloren. »Umentschieden? Weswegen denn?«

»Wegen meiner Bäume!« Ihre Stimme war nun fast ein Kreischen. »Wie ich höre, wollen Sie sie fällen lassen.«

»Aber Mrs Heckmondwyke, wie kommen Sie denn darauf? Wie käme ich dazu, Ihre Bäume fällen zu lassen?«

Sie lächelte verkniffen. »Wie dumm von mir«, sagte sie. »Ich hätte mich anders ausdrücken sollen. »Ich meine natürlich *Ihre* Bäume.«

Kurioser und kurioser. »Aber ich habe doch gar keine Bäume«, sagte ich. »Ich habe doch nur diese drei alten Pappelstümpfe.«

»Meine wunderschönen Pappeln«, seufzte sie. »Ein Teil meines Lebens.«

»Sind Sie sicher, dass wir dieselben Bäume meinen?«

»Ganz sicher«, nickte sie mehrmals. »Aber anscheinend sehen wir sie nicht mit denselben Augen.«

Allmählich wurde es mir zu bunt. Mir sagen lassen zu müssen, meine drei Pappelstümpfe seien *ihre* Bäume. Mir anhören zu müssen, die verkrüppelten, hässlichen, kranken Ungetüme seien schön! Und als Krönung die, wenn auch unterschwellige Anschuldigung, ich sei unfähig, Schönheit zu schätzen. Aber bevor ich das alles zum Ausdruck bringen konnte, hob Mrs H. die Hand.

»Jahr für Jahr habe ich von meinem Fenster aus sehen können, wie diese Pappeln im Wind wehen.«

»Aber Mrs Heckmondwyke, sie können nicht im Wind wehen. Es sind nur schwarze, vielleicht zwei Meter hohe Stümpfe …«

»Im Wind …« wiederholte sie träumerisch.

»Aus denen oben sechs extrem unansehnliche

Triebe herausragen«, fuhr ich, allmählich ein wenig echauffiert, fort.

»Ich habe diese Bäume *gemalt*«, warf sie, nicht mehr ganz so träumerisch, ein.

»Ich bin sicher, es hätte ansprechendere Motive gegeben.«

Ihre Augen wurden schmal. »Als Aquarell«, ergänzte sie, überhaupt nicht mehr träumerisch.

»Ich bin sicher, die Bilder sind sehr hübsch geworden, aber in diesem Fall müssen sie extrem impressionistisch sein.«

Schweigend starrten wir einander an. Das alles war mir entsetzlich unangenehm. Ich hasse es, unhöflich zu sein, aber schließlich hatte sie mich provoziert.

Mrs H. schien noch etwas sagen zu wollen, überlegte es sich anders, zwang sich zu einem Lächeln und marschierte zur Tür.

»Machen Sie sich bitte nicht die Mühe, mich hinauszubegleiten«, sagte sie.

Selbstverständlich ging ich nicht auf diesen Vorschlag ein. Ich begleitete sie zur Tür, ich öffnete sie für sie. Ich verbeugte mich. Sie tat es mir nach. Der Wind war so heftig, dass wir um ein Haar mit den Köpfen zusammengestoßen wären. Aber ich war ihm dankbar. Denn er wehte Mrs H. mit Macht die

Treppe hinunter und die Straße entlang. Und, zumindest für den Augenblick, hinaus aus meinem Leben.

Kapitel III
Fehlstart

Trotz dieser Auseinandersetzung wurden die Bäume am nächsten Tag gefällt. Allerdings ist »gefällt« kaum der richtige Ausdruck. Sie waren so morsch, dass ein kleiner Ruck genügte, um sie aus der Erde zu lüften, und dann konnte ich zu meiner großen Freude feststellen, dass die Wurzeln durch und durch faul und schimmelig waren und vor Drahtwürmern nur so wimmelten. Um Mrs Heckmondwyke die Gelegenheit zu bieten, sich mit dieser Tatsache vertraut zu machen, ließ ich die Bäume mit den Wurzeln zu ihr an den Straßenrand legen. Dort blieben sie bis zum Abend.

Eine Woche später beschloss ich, dem Beispiel der anderen Bewohner der Straße zu folgen und mir eine kleine Terrasse zuzulegen. Nicht etwa, weil ich doch an einen »Garten« gedacht hätte. Nein, es ging mir einfach nur darum, etwas zu haben, wo man bei schönen Wetter ein bisschen auf und ab schlendern konnte.

Doch wie es nun einmal so ist, führte eins zum

anderen. Jedenfalls kam es mir, als die Terrasse fertig war, ziemlich albern vor, nicht wenigstens einen Rasen anzulegen, da es nicht viel Spaß macht, neben einem Haufen Matsch und Geröll auf und ab zu schlendern.

Der Rasen kam mich bedeutend teurer zu stehen, als ich gedacht hatte. So grauenhaft das Dreieck auch sein mochte, hatte es natürlich keinen Sinn, guten Rasen auf einem Untergrund zu verlegen, der nicht wenigstens einigermaßen darauf vorbereitet war. Also borgte ich mir eine Forke und machte mich an die Arbeit. Nach einer halben Stunde war klar, dass sich selbst die anspruchsloseste Brennnessel weigern würde, auf diesem Boden zu wachsen. Er brauchte Wochen der Behandlung. Er bekam sie.

Jeder einzelne Zentimeter dieses Bodens wurde einen guten halben Meter tief umgegraben. Jeder einzelne Qudratmeter brachte Berge von Müll zum Vorschein – Backsteine, Blechdosen, Porzellanscherben und dergleichen mehr. Als wir fertig waren, hatten wir eine ganze Lastwagenladung Gerümpel entsorgt, darunter so Unglaubliches wie den oberen Teil einer Napoleon-Statue.

Nachdem der Boden mehrere schöne Fröste abbekommen hatte, gab ich Mr Peregrine Anweisungen für ein simples, aber effektives Entwässerungssystem. Da es dabei um Gärtnerisches ging, ein Gebiet, auf dem mir gewisse Kenntnisse zugestanden wurden, unternahm er zur Abwechslung keinen Versuch, mich davon abzubringen.

Nun, da der Boden einigermaßen krümelig und locker war, grub ich einen Sack Kalk und drei Säcke Knochenmehl unter (ich bin ein überzeugter und unverbesserlicher Anhänger von Knochenmehl). Danach blieb nichts weiter zu tun, als den Rasen zu bestellen und zu verlegen.

Und das Ganze aufs Neue zu vergessen.

*

So war es zumindest gedacht. Aber das war nicht so einfach. Nicht etwa, weil das Verlegen des Rasens in mir den Ehrgeiz geweckt hätte, den nächsten Schritt folgen zu lassen und ein oder zwei Beete anzulegen und vielleicht das ein oder andere zu pflanzen. Im Gegenteil. Der Rasen bewirkte nämlich, dass die Dreieckigkeit des Dreiecks noch mehr betont wurde. Als alles nur eine einzige Matschfläche war, war der Anblick noch einigermaßen erträglich gewesen. Jetzt jedoch machte das leuchtende Grün des Rasens das Dreieck dermaßen scharf und spitz, dass es anfing, mir wirklich auf die Nerven zu gehen.

Ich versuchte, es zu ignorieren, aber es weigerte sich, sich ignorieren zu lassen. Auch wenn ich gar nicht hinsah, wusste ich, dass es mich anstierte. Wenn ich den Kopf von meinem Schreibtisch hob und aus dem Fenster blickte, einfach nur, um meine Augen auszuruhen, fingen sie kurz darauf an zu schielen. Der rechte Zaun zog das eine Auge an, der linke das andere, bis meine Blicke sich überkreuzten und schließlich in dem trostlosen kleinen Scheitelpunkt am Ende zusammenliefen.

Eines trüben Februarnachmittags wurde das Ganze vollends unerträglich. Irgendetwas *musste* unternommen werden, und wenn ich nur eine hohe Mauer um das Ganze herumzog. Lieber auf eine Backsteinmauer starren als auf zwei Holzzäune, die einen zum Schielen brachten. Also ließ ich meinen Stift fallen, zog einen Mantel über und verließ das Haus. Ich ging zur Nummer 4, um Mrs Howard zu bitten, mir ihren Gärtner für ein Weilchen auszuborgen.

»Aber gern«, sagte sie bereitwillig. »Er ist gerade fertig. Joseph!«

Joseph erschien. Ein freundlicher junger Mann. Der noch freundlicher wurde, als er merkte, dass ich zumindest eine leise Ahnung vom Gärtnern hatte. Ein paar Minuten später standen wir mitten im Dreieck und schmiedeten Pläne für den Sommer.

»So, wie das Grundstück geschnitten ist, lässt sich nicht viel damit anfangen«, sagte ich in der Hoffnung, Joseph hätte vielleicht doch eine Idee. Aber er kratzte sich nur den Kopf und pflichtete mir bei.

»Pflanzen Sie einfach ein paar Bäumchen, um das Ganze ein bisschen aufzulockern«, sagte ich.

Tatsächlich wurden es mehr. Wir entschieden uns für drei Silberbirken in der Mitte, ein oder zwei Schlehen auf der linken Seite, ein rosa Mandelbäumchen auf der rechten, und zwei Holzapfelbäume gleich am Haus. Da es mir albern vorkam, überhaupt keine Blumen zu haben, sagte ich, er solle rechter Hand ein kleines Beet mit Goldlack bepflanzen.

»Sonst nichts, Sir? Es wäre eine gute Stelle für eine bunte Blumenrabatte.

Es fiel mir ziemlich schwer, nicht aufzubrausen und zu sagen, meine Blumenbeete hätten einst zu den schönsten des Landes gehört und dass es mir wie ein Hohn vorkam, auf diesem abgrundhässlichen Stück Londoner Erde die Parodie eines

Blumenbeets anzulegen. Das alles konnte Joseph schließlich nicht wissen. Also beherrschte ich mich und sagte nur, nein, der Goldlack sei alles. Aber wenn er unbedingt wolle, könne er ein paar Narzissenzwiebeln in den Rasen eingraben und auswildern lassen.

»Und was ist mit der Spitze, Sir? Es ist die spitzeste Stelle überhaupt.«

Ich hatte den Scheitelpunkt vergessen. Wir gingen hin, um ihn genauer in Augenschein zu nehmen. Er hatte diese Form:

Es war eine grauenhafte kleine Ecke. Wenn ich daran denke, wie sie heute aussieht und wie viele erfüllte Stunden absoluten Entzückens ich in diesem winzigen Bereich verbracht habe, kann ich kaum glauben, dass die folgende Szene je stattfand. Doch sie fand statt. Ich sah mich um. Das alles war unsäglich deprimierend. Es war nicht einmal ein richtiges Dreieck.

»Am liebsten würde ich das ganze Ding abtrennen und der Dame aus der Nummer 1 überlassen«, sagte ich.

»Oh, das würde ich an Ihrer Stelle nicht tun, Sir«, rief Joseph mit schockierter Stimme. »Der Dame aus der Nummer 1 würde ich gar nichts überlassen.«

Ich dachte an die Episode mit den Pappeln und gab ihm recht.

»Aber was sollen wir dann damit anfangen?«

»Wie wäre es mit Rhododendron? Rhododendron müsste sich an dieser Stelle eigentlich gut machen«, sagte Joseph.

*

Im Rückblick glaube ich, dass es Josephs beiläufige Bemerkung über den Rhododendron war, mit der alles anfing. Denn diese Bemerkung weckte in mir einen Wust so intensiver Erinnerungen, dass etwas zum Leben erwachte, von dem ich gedacht hätte, es sei für immer tot. Ich erkannte, dass ich nicht wirklich glücklich sein sein konnte, solange nicht irgendein Teil von mir mit Erde in Berührung war ... dass ich Wurzeln haben musste ... dass, wenn nicht wenigstens einer meiner Füße in Erde steckte, der andere mit Gewissheit schon im Grab stand.

Sie müssen nämlich wissen, dass der Kampf um den Rhododendron zu den vielen Kämpfen gehörte, die hinter den sieben Bergen, in Allways, wo ich früher gelebt hatte, ausgefochten worden waren. Und obwohl ich eine Niederlage einstecken musste, war die Erinnerung an den Kampf dennoch süß. Es war vor allem eine Erinnerung an eine Zeit der Unschuld, in der ich noch glaubte, wenn man einen Rhododendrenhain haben wolle, müsse man nichts weiter tun, als ein paar Jungpflanzen in die Erde zu stecken und das Ergebnis abzuwarten. In Allways hatte ich welche in die Erde gesteckt. Und nach mehreren Monaten des Abwartens bestand das Ergebnis aus ein paar struppigen Zweigen, die aussahen wie die Überbleibsel der Weihnachtsdekoration einer billigen Pension in einem heruntergekommenen Badeort am Meer.

»Mit Ihren Rhododendren ist irgendetwas nicht in Ordnung«, schrieb ich verärgert an die Leute, bei denen ich sie bestellt hatte.

»Im Gegenteil. Wahrscheinlich ist mit Ihrem Boden irgendetwas nicht in Ordnung«, schrieben sie zurück.

Sie hatten natürlich recht. Mein Boden war der kalkigste Boden in ganz England, und Kalk ist für Rhododendren der sichere Tod.

Als Joseph nun vorschlug, Rhododendren zu pflanzen, erinnerte ich mich an jenen langen Kampf um die violetten Trophäen, die mir nie vergönnt gewesen waren. Ich erinnerte mich auch an einen Spaziergang im letzten Frühling durch Ken Wood, nur eine Meile von Heathstead entfernt. Das ganze Tal hatte geradezu gelodert vor Farben, als habe der Geist des Monats Mai lauter Feuer entzündet, um den Londoner Nebel zu vertreiben. Wenn die Dinger dort wuchsen, würden sie auch bei mir wachsen.

Mit plötzlicher Begeisterung drehte ich mich zu Joseph um.

»Genau«, sagte ich. »Wir nehmen …«

Ich hatte fünfzig sagen wollen, weil ich das klägliche kleine Dreieck vergessen hatte, in dem wir standen. Ein einziger ausgewachsener Rhododendron würde es fast vollständig ausfüllen!

Deprimiert und niedergeschlagen fuhr ich fort: »Wir nehmen drei.«

»Ja, Sir«, pflichtete Joseph mir bei. »Drei dürften reichen. Wenn wir kleine nehmen und sie ordentlich zurückstutzen, haben sie sicher genug Platz.«

*

Die nächsten sechs Wochen verbrachte ich im Norden Englands und bekam nicht mit, wie der Rhododendron und alles andere gepflanzt wurden. Es war mir auch mehr oder weniger egal. Tatsächlich dachte ich erst am Tag meiner Rückkehr wieder an den Garten.

Doch als das Taxi auf dem Hügel anlangte und die Straße hinunterholperte, die zur Highways Close führt, freute ich mich geradezu darauf, den Garten wiederzusehen! Fast tat es mir sogar ein bisschen leid, dass ich nicht mehr hatte anpflanzen lassen. Aber der Goldlack würde sicher fröhlich und freundlich wirken, und die Osterglocken in der schattigen Ecke müssten eigentlich immer noch blühen. Die Silberbirken fingen wahrscheinlich gerade an, grün zu werden, und der Rhododendron hatte vielleicht schon ein paar Knospen angesetzt …

*

Fünf Minuten später saß ich mit dem Rücken zum Fenster vor dem Kamin und schwor mir, dem Garten nie wieder auch nur einen Blick zu gönnen. Ich würde ihn verkaufen. Ihn einem Waisenhaus schenken. Ihn einzäunen und einem Verein für entlaufene Hunde überlassen. Ihn in Tüten abfüllen und im Atlantik versenken.

Woher dieser plötzliche Sinneswandel? Wieso dieser abrupte Wechsel von Frühling zu Winter?

Ich weiß es nicht. Das heißt, ich weiß es schon, aber es klingt so affektiert und überkandidelt, dass Sie mich unweigerlich für verrückt halten werden. Aber das muss ich riskieren.

Im Grunde genommen war es einfach nur eine Frage der Ästhetik. Oder meinetwegen auch der Geometrie. Wieder dieses Dreieck. Alles, was ich getan hatte – und es war nicht gerade viel –, hatte nur dazu gedient, seine Dreieckigkeit zu unterstreichen. Als ich an der Glastür stand, um nach draußen zu gehen und mich mit den Blumen anzufreunden, auch wenn sie noch so mickrig waren, wenigstens so zu tun, als würde ich die große Runde durch den Garten drehen, so unzulänglich er auch sein mochte, fingen meine Augen an zu schielen und mein Kopf an zu dröhnen – so abstoßend wirkte alles.

Der Goldlack am rechten Zaun schob sich großspurig auf die Osterglocken am linken Zaun zu. Eine große, verfrühte Rhododendronblüte saß wie die Bommel einer Clownsmütze in der Spitze des Dreiecks. Und in der Mitte wiederholten drei mickrige Silberbirken das Grauen des Dreiecks im Kleinformat.

Es war unerträglich.

Gerade als ich mich abwenden und am Kaminfeuer Trost suchen wollte, drang von unten ein leises Maunzen an meine Ohren. Es war Kavalier. Sehr schick und glänzend in seinem neuen Frühlingsstaat. Ich hob ihn hoch, drehte ihn um, streichelte seinen Bauch und drückte eine seiner großen Pfoten an meine Stirn. Ohne Worte gab ich ihm dadurch zu verstehen, dass das Leben eine deprimierende Angelegenheit war und diese Welt kein Ort für uns und unseresgleichen. Kavalier blinzelte. Die Sonne fiel in seine grünen Augen und ließ die Pupillen so schmal werden wie Kümmelkörner. Langsam drehte er den Kopf in Richtung Garten. Wenn Blicke töten könnten, wäre jedes Pflänzchen in diesem Dreieck verdorrt, so tief war seine Verachtung.

Seine Muskeln spannten sich auf die spezielle Weise an, die in Tiersprache bedeutet: »Lass mich runter.« Ich gehorchte und setzte ihn auf die Stufen, die in den »Garten« führten. Er blieb stehen und schnupperte zierlich, verächtlich. Dann sah er über die Schulter zu mir zurück und gab jenen leisen, tragischen Klagelaut von sich, der mir immer das Gefühl gibt, eines Tages nach Siam fahren zu müssen.

»Was ist, Kavalier?«

Wieder öffnete er den Mund. Dieses Mal war der Klagelaut so leise, dass man ihn kaum hören konnte. Er schien aus einer Entfernung von Tausenden von Meilen zu kommen.

»Was ist, Kavalier? Was hältst du von diesem Garten?«

Und mit unglaublichem Takt zeigte er es mir.

Mit im Sonnenlicht glänzenden Fell stakte er über die bucklige Parodie eines Rasens zum Beet mit dem Goldlack. Er beschnüffelte eine der Blüten und nieste. Dann sah er noch einmal über die Schulter zu mir zurück.

Und begann langsam, mit Bedacht, zu scharren.

Das hielt Kavalier von diesem Garten.

Mir ging es genauso.

Kapitel IV
Ein Lichtstrahl

Als der Mai kam, war ich derart verzweifelt, dass ich beschloss, das Haus aufzugeben, sollte das Dreieck sich nicht bezwingen lassen.

Es waren qualvolle Wochen. Hunderte von Zetteln, alle mit auf den Kopf gestellten und von innen nach außen gekehrten Dreiecken bekritzelt, wanderten von meinem Schreibtisch in den Papierkorb. Dutzende von Stunden wurden damit verbracht, wie eine eingesperrte Hyäne durch den Garten zu tigern. Aber so lange ich auch tigerte, es kam nicht das Geringste dabei heraus. Egal ob ich am Fenster stand und den Scheitelpunkt anstierte, oder im Scheitelpunkt stand und zum Haus zurücksah, mein Kopf blieb leer. Auch wenn ich mich genau in der Mitte aufbaute, die Augen halb schloss und versuchte, mir Hecken und Wege vorzustellen, kam ich zu keinem Ergebnis. Ich versuchte es sogar damit, mich im Scheitelpunkt vorzubeugen und das verflixte Dreieck zwischen meinen Beinen hindurch zu betrachten – alles, was sich mir dabei enthüllte, war das ferne, auf den Kopf gestellte Gesicht von Mrs Heckmondwyke, die mich von ihrem Fenster aus beobachtete. Langsam und würdevoll richtete ich mich wieder auf und klopfte einen imaginären Schmutzfleck von meiner Hose.

*

Da mein eigener Kopf anscheinend nichts, aber auch gar nichts, hervorbringen wollte, fing ich an, sämtliche Gartenzeitschriften zu kaufen, um zu sehen, was sie an Vorschlägen zu bieten hatten. Die Zeitschriften machten alles nur noch schlimmer, und zwar aus zwei Gründen. Erstens riefen die Werbeanzeigen (denen ich noch nie widerstehen konnte) mir quälend in Erinnerung, auf was ich alles verzichten musste. In Augenblicken kühlerer Überlegung war mir natürlich klar, dass einige dieser Annoncen die Dinge, um es vorsichtig auszudrücken, überoptimistisch darstellten und die »gigantischen Blüten von schier unglaublicher Leuchtkraft«, die mir so verlockend angepriesen wurden, sich zu guter Letzt doch nur als ziemlich mickrige Stockrosen entpuppen würden. Aber das machte es nicht besser. Man liest Gartenzeitschriften nicht in Augenblicken kühlerer

Überlegung. Man liest sie in Ekstasen gläubiger Vertrauensseligkeit. Aus diesem Grund sollte sich jeder Aktien von Samentütchenproduzenten zulegen.

Die Gartenzeitschriften waren aber vor allem deshalb eine Enttäuschung, weil nicht eine einzige von ihnen auch nur den leisesten Hinweis darauf enthielt, dass es auf dieser Welt etwas so Merkwürdiges wie den Besitzer eines dreieckigen Gartens geben könnte. Ich war offenbar eine Abnormität. Ein einsames, bedauernswertes Wesen ohne einen Platz im Plan der Dinge. Es gab Vorschläge für quadratische Gärten, für rechteckige Gärten, für unregelmäßig geschnittene Gärten. Aber für dreieckige?

Es gab Skizzen für lange, schmale Gärten. Es gab Anregungen, »was man in einer dunklen Ecke alles anfangen kann« (was leicht anrüchig klang). Es gab »ungewöhnliche Methoden für den Umgang mit Teichen«. Es gab sogar einen Artikel über »Heiterkeit im Hinterhof«. Aber es gab keine einzige Skizze, keinen einzigen Vorschlag, nicht einmal einen einzigen noch so kleinen Tipp für Vorgehensweisen bei Dreieckigkeit.

Fünfecke – kein Problem. Sechsecke, Achtecke – in Hülle und Fülle. Wie man einen Bahndamm in einen Garten Eden verwandelt – allemal. Einen Keller in einen Hort der Schönheit – dito. Wie man Nektarinen auf einem Wolkenkratzer züchtet – jederzeit. Aber zum Thema Umgang mit Dreiecken – oder auch nur zur Existenz von Dreiecken – nichts als Schweigen.

*

Dann, auf einmal, ohne jede Vorwarnung, kam mir die Erleuchtung. Innerhalb von zehn Minuten entdeckte ich die Lösung, oder zumindest den Beginn einer Lösung, für das ganze Problem.

Es war ein schwüler Sonntagnachmittag Anfang Juli. Ich schlenderte auf die Terrasse und starrte das vermaledeite Dreieck hasserfüllt an. Es sah schrecklicher aus denn je, wie es braun und staubig im gleißenden Sonnenlicht lag. Ich drehte mich um, um wieder ins Haus zurückzugehen und hielt inne. Das Dreieck mochte zwar schrecklich sein, aber immerhin war es heiß. Genau richtig für ein Sonnenbad.

Wieso eigentlich nicht? Schließlich verhält sich die englische Sonne bei den seltenen Gelegenheiten, bei denen sie sich blicken lässt, nicht anders als die französische. Sie rötet die Haut, ruft Kopfschmerzen hervor, lässt Blasen entstehen und verursacht all die anderen Qualen, die zwingend zum Braunwerden gehören. Wieso diese Torturen nicht schon vor den Ferien in England durchleiden? Wenn man dann am Strand die Kleidung ablegte, wären alle von den Socken. »Wo bist du bloß so herrlich braun geworden?«, würden sie sagen. Und man würde antworten: »In meinem Garten in London.«

Bevor ich fast nackt auf die Terrasse trat, war mir nicht bewusst gewesen, dass der Garten doch ziemlich einsehbar war. Zwar gab es diverse strategische Punkte, von denen aus man nichts von den Nachbarn sehen musste, aber es gab keinen, an dem man nicht gesehen werden konnte. Nein – nicht ganz richtig. Es gab einen, am Zaun neben der Terrasse, unter dem Fenster meines Arbeitszimmers. Wenn ich mich an diesen Zaun drückte, das linke Knie bis zum Kinn hochzog und den Kopf in einem Winkel von 33° verdrehte, war außer dem rechten Knöchel nichts von mir zu sehen, es sei denn, jemand sprang zufällig mit dem Fallschirm genau über mir ab.

Diese Stellung entsprach jedoch nicht meiner Vorstellung von einem Sonnenbad, denn sie würde mir nicht nur Krämpfe einbringen, sondern auch ein tigerartiges Streifenmuster. Viele Körperteile –

wesentliche Körperteile noch dazu – würden abscheulich weiß bleiben. Außerdem wäre es nicht einfach, die Splitter im Rücken zu erklären. Also stand ich ächzend, schwitzend und leise angeschmuddelt wieder auf, immer noch wild entschlossen, braun zu werden.

Ich brauche wohl nicht zu erwähnen, dass die Vorhänge der Nummer 1 während dieser Präliminarien in unablässiger hektischer Bewegung waren. Hinter diesen Vorhängen lauerte Mrs H. mit Unterbrechungen den ganzen Nachmittag hindurch. Aber mir war zu heiß, um mich daran zu stören.

Im Haus gab es zwei große Paravents. Binnen weniger Minuten hatte ich sie auf den Rasen getragen und wie unten zu sehen aufgestellt.

Es dauerte eine Weile, bis ich den richtigen Platz für sie gefunden hatte, aber schließlich fand ich ihn. In voller Sonne, aber nach Norden, Süden, Osten und Westen geschützt vor neugierigen Blicken. Ich hatte in der größten Stadt der Welt einen kleinen Flecken absolut ungestörter Einsamkeit geschaffen.

Ich legte mich hin. Eine Weile genoss ich den Luxus dieses seltsamen und unerwarteten Ungestörtseins. Der Himmel war sehr blau, Sonnenlicht flirrte in den Zweigen der großen Trauerweide. Es gab eine solche Vielzahl beweglicher Lichter, so viele schnell tanzende Schatten, dass man meinen konnte, eine riesige Geisterhand schwebe über allem und streue Konfetti über die ineinander verwobenen Zweige. Konfetti aus Gold und Silber, das mit der Sommerluft verschmolz.

Zufrieden seufzend drehte ich mich um. Perfekt. Absolut perfekt. Die Erde roch nach Erde, nach richtiger Erde, wie auf dem Land. Und an dieser Stelle des Dreiecks wuchs mehr Gras, als ich geahnt hatte. Richtiges Gras, das man ausrupfen und auf dem man herumkauen konnte, um es dann wieder auszuspucken. Gras mit Ameisen darauf. Richtigen Ameisen. Die einem über die Beine krabbelten, einen kitzelten, einen zucken ließen, einen dazu brachten, sich aufzusetzen und vage beunruhigende Gedanken zu denken.

Ich setzte mich auf.

In mehr als einer Hinsicht. Denn ich fragte mich, ob mein Hass auf das Dreieck wirklich auf seiner Dreieckigkeit beruhte oder ob der eigentliche Grund der war, dass ein so großer Teil davon den Augen der Öffentlichkeit ausgesetzt war? Ob ich – und hier betrachtete ich die mickrigen Zäune – wenn ich stattdessen Mauern errichten ließ, hohe Mauern, und eine zusätzliche Mauer an der Stelle, wo die Paravents sich befanden …?

Ich stand auf.

Genau in diesem Augenblick, dem Augenblick, in dem meine Unterhose herunterrutschte und der Wind die Paravents umblies und die Vorhänge der Nummer 1 in noch hektischere Bewegung gerieten – wurde der Garten geboren.

Kapitel v
Die Zerschlagung des Dreiecks

Ich zog meine Hose hoch, stellte die Paravents wieder auf, warf einen hochmütigen Blick auf die Vorhänge der Nummer 1 und hastete ins Haus, um Mr Peregrine anzurufen.

Aber es war Sonntag. Mr Peregrine war telefonisch nicht zu erreichen. Die Verzögerung war unerträglich. Eine Mauer musste genau dort gebaut werden, wo die Paravents standen, und zwar sofort.

Verzweifelt wanderte ich zurück zum Fenster und sah hinaus.

Was?

Was war das? Das war doch nicht möglich! Ich sah noch einmal hin. Doch, es war möglich. Es war passiert. Das Unglaubliche … nein, das zweifach Unglaubliche … war passiert. Der Garten war urplötzlich nicht nur doppelt so groß wie noch vor einem Augenblick, *auch das Dreieck war fast völlig verschwunden*.

Es war ein Wunder. Natürlich war es nur eine

optische Täuschung, aber was spielte das für eine Rolle, solange die Täuschung perfekt war? Der Hauptgrund für die bemerkenswerte Veränderung war der, daß der linke Paravent den dahinterliegenden Zaun komplett verdeckte, so dass es den Anschein hatte, der Garten setze sich ins Endlose fort, bis zu den Bäumen des Hauses nebenan.

Zugegeben, der Schnitt des Grundstücks war immer noch nicht sehr schön, aber jetzt war es ein Schnitt, mit dem sich etwas anfangen ließ. Er schien zu sagen: »Na los. Was fällt dir ein, um meine hässliche Fratze zu verschönern?«

Ich flitzte zu den Paravents zurück. Ja! Sie bildeten einen winzigen eigenen Garten, neu, unerwartet, voller aufregender Möglichkeiten. Aber das war nicht alles. Wenn man weiter nach hinten ging und sich umdrehte und den Garten vom Scheitelpunkt aus betrachtete, schienen die Paravents auch von hier aus die Grundstücksgröße zu verdoppeln, so wie sie es vom Haus aus zu tun schienen.

Es gab keinen Zweifel mehr. Endlich hatte ich einen Ansatzpunkt. Etwas, woran ich herumbasteln, mit dem ich planen, wovon ich sogar träumen konnte. Während ich da stand, sah ich ein geschwungenes Beet in der einen Ecke, ein paar

Bäume, einen schmalen, gewundenen Weg. Es würde nicht einfach werden, auch jetzt nicht. Es würde jedes bisschen Phantasie erfordern, das ich hatte. Und auch wenn alles perfekt durchgeplant wäre, wäre es immer noch ein sehr kleiner Garten. Aber es wäre – ein Garten.

Ich ging mit dem Gefühl ins Haus zurück, dass die nächsten Monate, ganz gleich was sie mir an Erfolgen oder Misserfolgen bringen mochten, eins ganz sicher nicht sein würden – langweilig.

*

Bevor das Licht an diesem denkwürdigen Tag verblasste, hatte ich beschlossen, dass eines als Allererstes in Angriff genommen werden musste, bevor ich andere Pläne schmieden konnte. Die hässlichen niedrigen Holzzäune mussten durch solide Backsteinmauern ersetzt werden.

Vielleicht kommt es Ihnen komisch vor, in einer Stadt aus Backsteinen noch mehr Backsteine zu verbauen. Aber ich hatte endlich das Gefühl, dass sich aus diesem Flecken vielleicht doch etwas machen ließe, dass er sich vielleicht zu etwas mausern würde, was seltene und aufregende Kletterpflanzen und extra-spezielle Kletterrosen verlangte, und dafür waren die Holzzäune nicht geeignet. Dazu kommt, dass Backsteinmauern mit dem Alter nicht nur schöner werden, sie sind auch vielseitiger als Holz. Sie lassen sich bogenförmig anlegen. Und in zweierlei Hinsicht war es überaus wichtig, dass die Mauern geschwungen waren. Erstens fiel das Gelände leicht ab, weswegen sie abgestuft werden mussten. Der Holzzaun sah so aus:

Die Mauer würde so aussehen:

Zweitens musste die Mauer in der Mitte unbedingt auch geschwungen sein. Das hatte ich mit Hilfe der Paravents herausgefunden. Wenn man sie in gerader Linie hinstellte, war das Dreieck aus irgendwelchen Gründen, die geometrisch versierte Menschen vielleicht verstehen, immer noch deutlich wahrnehmbar. Nur wenn man die Paravents in einer Art Halbkreis arrangierte, rückte man dem Dreieck ernsthaft zu Leibe.

Es machte so viel Spaß, mit den Paravents herumzuspielen (die durch Vorhänge, hochkant stehende Küchentische und alles, was wir dazu bringen konnten, eine Mauer zu simulieren, verstärkt wurden), dass mehrere Tage vergingen, bevor ich Mr Peregrine kommen ließ. Vielleicht gut so, denn durch diese Experimente entdeckte ich, dass alles noch besser wurde, wenn ich rechter Hand eine weitere kleine Mauer einplante, so dass sich diese Wirkung ergab:

Viel besser, finden Sie nicht auch? Es war nicht nur ein neuer Angriff auf das Dreieck (denn die beiden gestrichelten Linien würden vom Haus aus unsichtbar sein), sondern erhöhte auch die Individualität des kleinen hinteren Gartens. Man hätte ihn fast einen geheimen Garten nennen können. Er *war* geheim. Sobald man ihn betrat, war man für alle unsichtbar, außer vielleicht für Menschen, die sich zufällig auf Mrs H.s Dach aufhielten.

Apropos Mrs H.! Bevor ich diese Mauern baute, mussten die Nachbarn um Erlaubnis gefragt werden. Diese Nachbarn! Geheimnisvolle Wesen, fern und doch so nah, und vor allem fähig, Zauber oder Fluch über unser Leben zu werfen, es angenehm oder aber zur Hölle zu machen.

*

Zuerst war alles gut. Nummer 2 und 3 hatten keine Einwände. Die Howards in der Nummer 4 waren sogar begeistert, da ihre bunte Blumenrabatte vor einer Mauer viel besser zur Geltung kommen würde. Die Dame im Haus nebenan erhob gleichfalls keine Einwände, hoffte aber, dass die Arbeiter ihre Rosen, die auf der anderen Seite des Zauns an einem Spalier rankten, einigermaßen pfleglich behandeln würden.

Blieb – muss ich es wirklich sagen? – Mrs H.

Mrs H. war die Einzige in unserem Sträßchen, die absolut keinen Grund hatte, in dieser Angelegenheit eine wie auch immer geartete Meinung zu haben. Wegen der seltsamen Art und Weise, wie unsere Gärten aus dem ursprünglichen Grundstück herausgeschnitten worden waren, grenzte mein Garten auf einer Länge von gerade mal knapp dreißig Zentimetern an ihren. Aber sie machte wegen dieser 30 Zentimeter mehr Aufhebens als die anderen wegen ihrer 20 Meter.

Trotzdem brauchen wir uns nicht lange damit aufzuhalten, was sie alles sagte und tat. Auch mit dem eigentlichen Bau der Mauern müssen wir uns nicht lange aufhalten, obwohl ich selbst mich – wie ich wohl nicht zu betonen brauche – endlos damit aufhielt, Verzögerungen und Störungen verursachte und Mauern, die genau nach meinen Anweisungen errichtet worden waren, mehrmals wieder einreißen ließ, bevor ich endgültig zufrieden war.

Aber zum Schluss war alles so, wie ich es haben wollte, und in der dritten Septemberwoche war der fast letzte Backstein vermauert und der letzte Laster davongerumpelt.

Mrs H. hielt mich auf der Straße an und seufzte,

der Charakter von Heathstead sei dabei, sich rapide zu verändern.

»Wirklich, Mrs Heckmondwyke? Inwiefern?«

»Früher war es hier wie auf dem Land. Aber jetzt ...«

Ihre Augen ruhten auf ein paar Backsteinen, die die Maurer vergessen hatten. Sie wandte den Blick hastig wieder ab, denn wie Sie sicher schon bemerkt haben, war sie ein Ausbund an Takt. Trotzdem gestand sie sich ein Kopfschütteln zu, als sie murmelte:

»Aber jetzt ist alles so *zugebaut.*« Was, wie es so schön heißt, ein Schlag unter die Gürtellinie war.

Denn ihre Bemerkung enthielt einen kleinen Stachel der Wahrheit. Wenn Sie zu diesem Zeitpunkt in den Garten gegangen wären, hätten sie nichts als Backsteinmauern und Massen von festgetrampeltem Lehm gesehen, auf dem kein einziger Grashalm wuchs. Von einem Garten keine Spur. Und obwohl es endlich zumindest einen Rahmen für den Garten gab, war nicht einmal dieser Rahmen komplett.

Das Dreieck war noch nicht vollständig besiegt. Das Auge wurde immer noch mit beunruhigender Häufigkeit zur rechten Mauer hingezogen. Und der hässliche kleine Scheitelpunkt, ein unablässiger Stachel der Irritation, war auch immer noch da.

Die folgende Skizze verdeutlicht vielleicht, was ich meine.

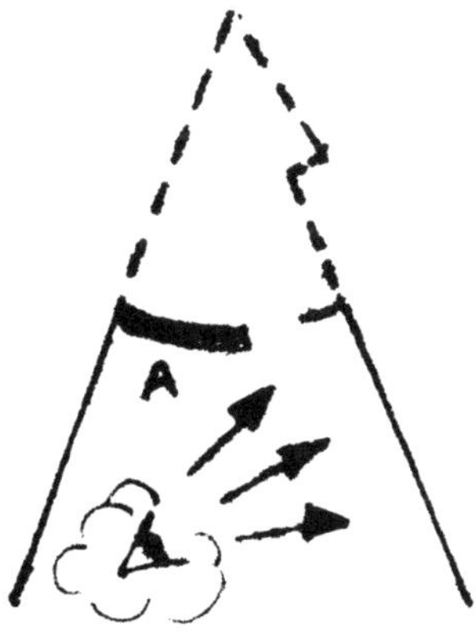

Vielleicht doch nicht. Jedenfalls ist das Ding in der linken Ecke das Auge, und die Pfeile, die davon ausstrahlen, weisen darauf hin, dass das Auge immer noch nach rechts gelockt wird.

Eine Lösung fiel mir relativ schnell ein. Ein Pfad musste her, und zwar ein gewundener, der sich von der linken Terrassenseite in einem Bogen nach rechts und dann zwischen den beiden Trennmauern hindurch bis zum Scheitelpunkt schlängelte.

Kapitel VI
Geburt einer Kuppel

Aber was, wenn man dem Pfad folgte und am Scheitelpunkt anlangte?

Ohne Ziel ist das Leben sinnlos. Das Gleiche gilt für einen Gartenpfad. Womit ich nicht etwa sagen will, dass es eine abscheuliche kleine Statue geben muss, die einem vom Ende des Wegs entgegenstiert, oder eine völlig überflüssige Sonnenuhr, oder ein Tor, das nirgendwohin führt. Ich meine nur, dass man, wenn man den Gartenpfad entlanggeht, auf *irgendetwas* zugehen muss, und sei es nur ein Baum, oder eine Lücke in der Hecke, durch die man friedlich daliegende Felder betrachten kann. Wenn Sie so wollen, geht es eigentlich nur darum, beispielsweise sagen zu können: »So, da wären wir!« Oder, etwas anspruchsvoller: »Sieh nur, wie die Blätter schon fallen!« Und falls der Freund, den Sie gerade herumführen, kein großes Interesse an Gärten haben sollte, könnten Sie seine Aufmerksamkeit durch die Lücke in der Hecke lenken und sagen: »Sieh nur, eine Kuh!«

(Sie selbst müssten selbstverständlich nicht hinschauen.)

Aber ich hatte keinen Baum, keine Hecke und keine Felder, und das einer Kuh Ähnlichste, was ich zu bieten hatte, war Mrs H. Ich hatte nur einen kleinen backsteinummauerten dreieckigen Scheitelpunkt, und wie es aussah, würde mir nichts anderes übrig bleiben, als ihn aufs Neue mit Rhododendren zu bepflanzen. (Es erübrigt sich zu sagen, dass die ursprünglichen Rhododendren längst verschwunden waren). Aber man musste schon besonders einfallsreich sein, um noch etwas Interessantes zu finden, was sich über drei kleine Rhododendren sagen ließ, nachdem der hundertste Besucher den Gartenpfad entlanggeführt worden war. Außerdem sind Rhododendren, so schön sie in der Blüte auch sein mögen, nicht unbedingt das, was man Monat für Monat vor Augen haben möchte.

Grübelnd stand ich vor dem Scheitelpunkt. Die Mauer auf der rechten Seite war noch nicht ganz fertig. Vom Garten nebenan fiel die Sonne herein. Der Scheitelpunkt war ein regelrechter Sonnenfang. Wenn die Mauer fertig war, würde er natürlich kaum noch Sonne abbekommen. »*Aber wieso die Mauer dann bauen?*«, fragte ich mich plötzlich. »Wieso dieses kostbare Sonnenlicht aussperren? Der Scheitelpunkt ist doch der ideale Ort für das, wonach du die ganze Zeit gesucht hast, für den Blickfang, den Höhepunkt, das Ziel am Ende des Weges – ein Gewächshaus!!!!«

Genau das war die Lösung. Ein Gewächshaus. Wie aber sollte es aussehen? Es musste natürlich schön sein, es musste etwas ganz Besonderes sein. Aber es musste auch ein integraler Bestandteil des allgemeinen Plans sein, seine Vervollständigung, seine Krönung.

So etwas durfte nicht überstürzt werden. Also ging ich los, kaufte einen Klappstuhl, schleppte ihn in den geheimen Garten, stellte ihn hinter die Mauer, setzte mich und wartete auf die Inspiration. Es war eine vergnügliche Beschäftigung, denn an dieser Stelle war man den Blicken der Welt völlig entzogen und konnte Grimassen schneiden, mit den Armen fuchteln und durch die Finger linsen, ohne Gefahr zu laufen, dabei beobachtet zu werden. Außerdem herrschte in London das wundervollste Wetter, das man sich nur vorstellen konnte. Anscheinend hatte sich ein Hochdruckgebiet auf Dauer über England festgesetzt.

Ich kam mir vor wie ein Kind mit einem riesigen, brandneuen Kasten Bauklötze. Aber nachdem ich mehrere Tage mit dem Luxus des Genießens und Schauens verbracht hatte, wurde es allmählich Zeit, in die Gänge zu kommen. Schließlich saß ich nicht ohne Grund hier. Ich saß hier, um herauszufinden, wie sich ein Gewächshaus, das nicht allzu abscheulich aussah, in die Ecke einbauen ließ. Zunächst einmal durfte die Mauer auf der rechten Seite, der Südwestseite, von der das meiste Licht kam, höchstens sechzig Zentimeter hoch sein. Alles darüber, und auch die Front, musste verglast sein. Aber wie weiter? Wenn man die Front des Gewächshauses gerade machte, war das Dach, das ich von meinem Schlafzimmerfenster aus sehen würde, wieder entsetzlich dreieckig. Nein, die Vorderseite musste geschwungen sein. Und daraus ergab sich fast notwendigerweise – eine Kuppel.

*

Eine Woche später stand Mr Peregrine mit der Kuppel in der Hand vor mir. Das heißt, mit einer Zeichnung davon, nach einer Skizze von mir von seinem Lieblingsarchitekten ausgearbeitet.

Alle Bedenken, die ich vielleicht doch wegen der Kuppel gehabt hatte, die anfällig für Glasbruch und teuer in der Versicherung war, wurden durch diese Zeichnung aus der Welt geräumt. Sie kam der Vollkommenheit näher, als ich zu hoffen gewagt hatte.

Finden Sie nicht auch? Wäre Ihnen etwas Besseres eingefallen? Bevor Sie jetzt »ja« sagen, werfen Sie einen Blick auf das Foto auf Seite 20, das zeigt, »Wie es anfangs aussah«. Rufen Sie sich die Spitzigkeit des Dreiecks in Erinnerung. Besinnen Sie sich darauf, wie winzig der Garten war. Jetzt sah er nicht mehr winzig aus. Jetzt war das Dreieck verschwunden. Und jetzt … aber ich muss aufhören, mein eigenes Loblied zu singen.

Die Kuppel war nicht nur wegen ihrer Eleganz ein Glückstreffer. Die zusätzliche Höhe bedeutete zudem, dass das Gewächshaus viel mehr Pflanzen beherbergen konnte, als das bei einem anderen Dach möglich gewesen wäre. Als ich die Pläne studierte, die die Zeichnung begleiteten, war ich erstaunt, wie viel Platz mir zur Verfügung stehen würde. Die kleine zusätzliche Ecke machte einen riesigen Unterschied aus. Ich erschauderte, als ich daran dachte, dass ich sie fast an Mrs H. verschenkt hätte.

Ich würde praktisch alles, was mein Herz begehrte, in diesem Gewächshaus unterbringen können. Zum Beispiel würde ich endlich meinen Wunsch nach einer Bougainvillea befriedigen können, jener wunderschönen, violett blühenden Pflanze, die aussieht, als hätte die Natur sie eigens dafür geschaffen, Krönungen, königliche Paraden und sonstige pompöse und hoch zeremonielle Anlässe zu zieren. Vielleicht könnte ich mir sogar drei Bougainvilleen zulegen, nicht nur eine violette, sondern auch eine rote und eine rosafarbene? Nein, doch nicht, denn dann wäre kein Platz mehr für eine Mimose, und man *musste* eine Mimose haben. Eine Mimose kann selbst in einem relativ kleinen Kübel so groß werden, wie Sie wollen (ich kenne eine, die seit über dreißig Jahren im selben Kübel steht). Und einer der Vorteile einer Mimose in einem mäßig warmen Gewächshaus, wie meins es sein würde, ist der, dass sich die Blüten in der Vase gute zwei Wochen halten, während die aus Südfrankreich schon nach 24 Stunden anfangen, welk und vertrocknet auszusehen.

Aber es würde noch eine ganze Weile dauern, bis das Gewächshaus Wirklichkeit wurde, denn es musste komplett maßgefertigt werden, und vor allem für die Kuppel waren anscheinend schwer zu findende und auf lange Zeit ausgebuchte Spezialisten von Nöten. Vertreiben wir uns die Wartezeit mit anderen Dingen.

Kapitel VII
Einzug der Blumen

Wo sind wir eigentlich? Im Oktober, nicht wahr? Die Mauern stehen, der Pfad ist angelegt, die Planung ist komplett. Höchste Zeit, dass wir anfangen, an Blumen zu denken.

Blumen? Was für welche? Aber nein – es ist immer noch zu früh, diese Frage zu stellen. Eine andere ist vorrangiger. Nämlich, wo sollen die Blumen hin?

Falls Sie sich fragen, was denn jetzt schon wieder das Problem ist, will ich es Ihnen genauer erklären.

Hätten Sie zu diesem Zeitpunkt auf der Terrasse gestanden, wäre Ihnen etwas sehr Wichtiges und Beunruhigendes aufgefallen. Nämlich dass die Stelle, die für ein Blumenbeet ideal gewesen wäre, auch die Stelle war, an die unter keinen Umständen eins hindurfte. Der ideale Platz für ein Blumenbeet war der vor der rechten Mauer, weil diese Mauer nach Süden zeigte und die meiste Sonne abbekam. Aber sobald man die Aufmerksamkeit darauf lenkte – und genau das würde man tun, wenn man Blumen davorpflanzte –, wanderte das Auge sofort wieder nach rechts und die ganze schöne Planung brach in sich zusammen. Das Dreieck, das wir fast ein Jahr lang bekämpft hatten, wurde augenblicklich wiedergeboren.

Aus dem Gefühl heraus, inzwischen in Bezug auf Dreieckigkeit krankhaft überempfindlich zu reagieren, rief ich Joseph herbei, dem man keinerlei krankhafte Überempfindlichkeiten nachsagen konnte.

»Was meinen Sie, Joseph? Wo soll das große Blumenbeet hin?«

»Da drüben hin natürlich«, antwortete Joseph und deutete auf die rechte Mauer.

»Ich würde es lieber erst ausprobieren, Joseph. Nur um zu sehen, wie es wirkt. Wenn Sie bitte mitkommen würden …«

Er kam mit. Wir holten die Spaten und gruben längs der Mauer ein Beet um. Als wir damit fertig waren, war es Mittag. Ich schlang mein Essen hastig in mich hinein, schnappte mir meinen Hut, sprang ins Auto und fuhr zum Blumengeschäft am Fuß des Hügels. Dort kaufte ich diverse billige Topfpflanzen – Chrysanthemen, Margeriten und dergleichen –, genug, um die Illusion eines Blumenbeets zu schaffen. Ich lud die Pflanzen ins Auto und raste zurück. Zwanzig Minuten später waren alle Töpfe längs der Mauer in der Erde versenkt. Natürlich war die Wirkung nicht sehr kunstvoll, aber man bekam zumindest einen Eindruck, wie ein Beet an dieser Stelle wirken würde. Und es wirkte unsäglich. Es ließ den ganzen Garten aussehen, als sei er einzig zur Feier der Dreieckigkeit entworfen worden.

Joseph kam zurück, blinzelte und kratzte sich am Kopf. »Hm, irgendwas stimmt nicht«, brummte er.

»Ja, aber was?«

Er verschränkte die Arme vor der Brust, sah erst zur rechten Mauer, dann zur linken und schüttelte den Kopf.

»Irgendwas stimmt nicht«, wiederholte er. Dann ging ihm ein Licht auf. »Verflixt. Das vermaledeite Dreieck ist wieder da.«

Ich hatte also recht gehabt. Ich war also nicht krankhaft überempfindlich. Joseph war mein Beweis.

*

Wieder einmal kümmerten wir uns vorrangig um zweitrangige Dinge und hofften, dass die Inspiration für den Rest sich von allein ergeben würde. Eine Woche später sah das Ganze so aus:

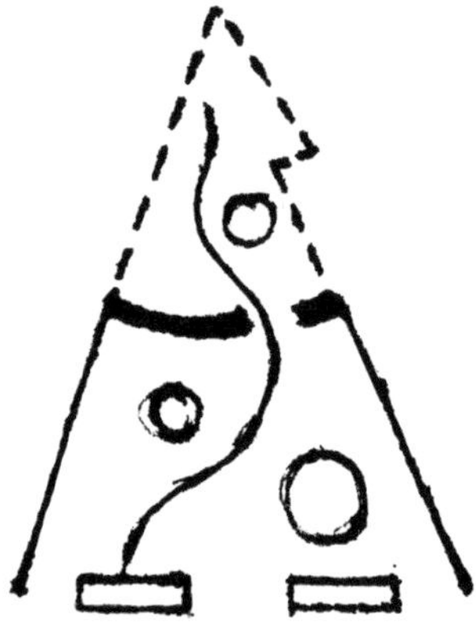

Falls Sie Probleme mit schematischen Zeichnungen haben, wird diese hier Ihnen nicht viel sagen. Dabei ist sie eigentlich ganz einfach. Sie zeigt drei kleine runde Beete, zwei im vorderen und eins im hinteren, geheimen Teil des Gartens. Sie mussten genau da sein, wo sie waren, sie mussten rund sein, und sie mussten genau die Größe haben, die sie hatten. Zehn Zentimeter größer oder kleiner, und sie hätten lächerlich ausgesehen. So sahen sie bezaubernd aus.

Die beiden länglichen Dinger ganz unten stellen zwei weitere kleine Beete dar, eins unter dem Fenster des Arbeitszimmer und eins unter dem des Esszimmers, wofür wir die Terrasse teils wieder aufreißen mussten. Diese Beete, so wurde beschlossen, sollten mit Stauden bepflanzt werden. Aber sie waren – gestehen wir es uns ein – so klein, so trocken und generell so unzulänglich, dass die Vorstellung, dort könne ein richtiges Staudenbeet entstehen, so abwegig war wie die, ein kaiserliches Hochzeitspaar in einer Hängematte nächtigen zu lassen.

Die drei runden Beete jedoch waren genau richtig, was ein Trost war. Vor allem das hintere, im geheimen Garten, war ein voller Erfolg. Es war etwas kleiner als die anderen, um Perspektive vorzutäuschen, und lag so, dass man von der Terrasse aus nur einen kleinen Teil davon sehen konnte. Dadurch entstand der Eindruck, es sei nur das erste von zahlreichen ähnlichen Beeten, zwischen denen man ewig umherwandern konnte.

*

Allerdings machten diese Beete mich nur noch ruhe- und rastloser. Es war so ein Vergnügen, sie auszuheben, die grobe Erde zu sieben, Blech und Glas und Steine daraus herauszuklauben und wegzukarren und die schöne verbesserte Erde, mit Humus und Knochenmehl angereichert, wieder in die Beete zurückzuschaufeln. Es war so ein Vergnügen, all diese Dinge zu tun und sich dabei von oben bis unten richtig dreckig zu machen, dass mein Wunsch nach Staudenbeeten mit richtigen, mehrjährigen Pflanzen fast zur Besessenheit wurde.

Denn Blume ist nicht Blume, wenn Sie verstehen, was ich meine. Gekauftes einzupflanzen kann sich nicht mit der langsamen Entwicklung, von Jahr zu Jahr, von mehrjährigen Pflanzen vergleichen. Das Schöne an einem Garten ist ja gerade, dass er zu einem alten Freund wird, oder vielmehr zu einer ganzen Ansammlung alter Freunde. Werden die Iris dieses Jahr so prächtig werden wie im letzten? Hat der Rittersporn das Geteiltwerden einigermaßen überstanden? Wird der Phlox sich bis zum nächsten Sommer richtig eingewöhnt haben? Das sind die Dinge, die wichtig sind, die das Herz in Wallung versetzen. Und obwohl es unglaubliche Freude macht, Beete mit einjährigen Frühjahrs- und Sommerblumen zu planen (nehme ich Goldlack oder Vergnissmeinnicht, Levkojen oder Petunien?) liegt darin immer auch etwas Vergängliches. Bevor der Glocklack richtig aufgeblüht ist, ist es schon wieder Zeit, an seinen Nachfolger zu denken. Und man stürzt sich auf die neue Liebe, wenn die alte noch kaum begonnen hat.

Die Platzsuche ging also aufs Neue los. Ich erspare Ihnen die Präliminarien und nenne Ihnen nur die endgültige Lösung, nämlich ein längliches Beet vor der linken Trennmauer zum geheimen Garten.

»Da hätten Sie aber auch früher drauf kommen können«, sagen Sie jetzt wahrscheinlich.

Und ich sage: »Der Grund, weswegen ich diese Möglichkeit bislang nicht in Betracht gezogen habe, ist der, dass der linke Teil des Beets überhaupt keine Sonne abbekommt, der mittlere vielleicht zwei Stunden, und nur der rechte einigermaßen sonnig ist. Und da es nicht üblich ist, Blumen in ewiger Dunkelheit zu halten, bin ich nicht auf die Idee gekommen, hier ein Beet anzulegen. Und bitte, mäßigen Sie in Zukunft Ihren Ton.«

Aber im Ernst. Es schien die einzige Stelle zu sein, also musste ich das Beste daraus machen. Und das hieß, ich musste an Schattenpflanzen denken – an Iris und Christrosen, Fingerhut, Schlüsselblumen, Montbretien und Maiglöckchen. Wenn es darum gegangen wäre, blühende Sträucher zu finden, wäre die Sache einfach gewesen. Man hätte eine ellenlange Liste zusammenstellen können – Fuchsien, Flieder, Pfeifenstrauch, Johanniskraut, Johannisbeeren, Azaleen, Forsythien, Schneebälle … aber lassen wir das. Die Zahl blühender Sträucher, die es lieben, schattige Stellen aufzuhellen, ist fast endlos. Aber für Sträucher war nur sehr wenig Platz. Ich musste mich auf kleinere Pflanzen konzentrieren. Und das war nicht so einfach.

Aber ich schaffte es. Falls Sie kein absoluter Gartenfanatiker sind, werden die nächsten beiden Seiten oder so Sie zu Tode langweilen. Überblättern Sie sie lieber.

In die dunkle linke Ecke pflanzte ich zwei sehr kompakte Fliedersträucher in Hell- und Dunkellila. Es waren keine jungen Bäume; sie hatten über fünf Jahre in Kübeln in einer Londoner Gärtnerei gestanden und schienen keine Probleme mit der Stadtluft zu haben. Sie waren gut anderthalb Meter hoch, so dass die Spitzen der Zweige ein akzeptables Quantum Sonne abbekamen, was für die Blüten, nicht jedoch für die Wurzeln, wichtig ist.

Vor die Fliedersträucher, ein Stückchen rechts davon, pflanzte ich ein großzügiges Büschel Fingerhut, und zwar aus mehreren Gründen. Erstens, weil Fingerhut Schatten liebt. Zweitens, weil er auch London liebt – obwohl es weiß der Himmel keine andere Blume gibt, die fast wie durch einen Zauber das Wesen der freien Natur so sehr heraufbeschwört wie der Fingerhut und den Geist mit kühlen, grünen Erinnerungen füllt – an Gehölze, in denen der Farn hüfthoch wächst, an die Ränder einsamer Wälder, wo die Kaninchen nur so selten einen Eindringling zu sehen bekommen, dass sie einen ganz ruhig und neugierig betrachten, bevor sie sich dazu herablassen, davonzuhoppeln. Der dritte Grund für den Fingerhut war, dass er zwar eigentlich zweijährig ist, sich aber so großzügig selbst aussät, dass man ewig seine Freude daran hat.

Rechts des Fingerhuts, ein Stück weiter hinten, kam eine Gruppe hochwachsender Iris in den blasseren Blau-, Lila- und Violettschattierungen. Dunklere Iris sind zwar auch sehr schön, wären aber an diesem Schattenplatz nicht zur Geltung gekommen. Vor ihnen blieb ein kleiner Fleck frei, an den ich entweder Frühlingszwiebeln oder einjährige Pflanzen oder aber etwas ganz Besonderes setzen wollte. Und in der Mitte, wo die Sonne anfing, erging ich mich in einem Rausch spektakulärer Lilien. *Madonnas* hinten, *regale* mittig und getigerte vorn. Lilien scheinen die Stadt zu lieben – das schönste Büschel Feuerlilien (*Lilium croceum*), das ich je sah, blühte in einem Hinterhof in Chicago.

Hinter die Lilien pflanzte ich eine *Clematis Jack-*

manii, die an der Mauer hochklettern sollte. Es wäre schön gewesen, eine seltenere Sorte wählen zu können, aber ich wollte auf Nummer Sicher gehen. Und nach den verdreckten, rußigen Ecken in ganz London zu urteilen, an denen die *Jackmanii* geradezu außer Rand und Band vor sich hinwuchert, war ziemlich sicher, dass sie sich überall prachtvoll entwickeln würde, außer vielleicht in einem U-Boot.

Nun zur rechten Seite des Beets, die die ganze Sonne abbekam. Hier musste unbedingt etwas Auffallendes hin, denn für das Auge befand sich hier der Mittelpunkt. Was bedeutete, dass die Blumen, die hierhin gepflanzt wurden, den ganzen Sommer über den Ton des Gartens bestimmen würden.

Natürlich musste es Rittersporn geben. Ohne Rittersporn ist das Leben kaum vollständig zu nennen. Ich hätte gern Unmengen davon gepflanzt, aber es gab nur Platz für drei. Immerhin besser als nichts.

Danach ging ich ein nicht unbeträchtliches Risiko ein. Ich bepflanzte den ganzen Rest des Beets – (ein riesiges Areal von etwa einem halben Quadratmeter) – mit Phlox im leuchtendsten Scharlachrot, Lachsrosa und Karmesinrot, das ich finden konnte. Ich hätte gerne auch die dunkelviolette ›Le Mahdi‹ genommen und fand es mehr als bedauerlich, dass ich auf Weiß verzichten musste, aber ich musste auf diesem begrenzten Raum so viel Rot wie nur irgend möglich unterbringen, sonst hätten die verschiedenen Töne angefangen, sich zu beißen. Zwei verschiedene Rottöne beißen sich unweigerlich; im Dutzend sind sie die besten Freunde. Wie es scheint ist der Völkerbund der Blumen der einzige, der wirklich funktioniert.

Zugegeben, das alles klingt nach nicht viel, auch nicht für eine Fläche von nur drei Metern – Flieder, Fingerhut, Iris, Clematis, Lilien, Rittersporn, Phlox. Aber Sie dürfen nicht vergessen, dass dazwischen Platz für andere Dinge freigelassen wurde. Und außerdem war dieses Blumenbeet nicht das einzige. Drei weitere waren im Entstehen begriffen.

*

Zuerst aber muss ich die Geschichte der Kamelie erzählen, die auf dem Foto des fertigen Gartens ganz links über die Trennmauer lugt. Ich hatte lange das Gefühl gehabt, dass ein Farbklecks in dieser Ecke das Auge auf sich ziehen würde, aber wie sollte ich diesen Farbklecks bewerkstelligen?

Und dann unternahm ich eines Tages einen Spaziergang über die Hampstead Heath nach Golder's Green. Es war Anfang März, der Winter war sehr mild gewesen. Ich spazierte vor mich hin, sog die Luft genüsslich in mich ein, gelangte in den Park und sah plötzlich in der Ferne etwas, das aussah wie ein in Flammen stehendes Haus. Es *war* ein Haus, und es *stand* in Flammen – es loderte geradezu vor Kamelien. Vom Kiesweg bis zu den Schlafzimmerfenstern in sechs Metern Höhe züngelten die Blüten und färbten die Mauern Rosa, Weiß und Korallenrot.

Bis zu diesem Augenblick hatte auch ich der bösen alten Mär geglaubt, die sagt, dass die Kamelie ein zartes, ultrafeminines Pflänzchen ist, das beim ersten Hauch von Frost sofort dahinsiecht. Ich hatte sie auf eine Stufe mit jenen Frauen gestellt, die ein grabesähnliches Hüsteln von sich geben, sobald ihre Stola auch nur für einen Moment von ihrer Schulter gleitet – an einem lauen Sommerabend an der Côte d'Azur. Selbst in einem so beunruhigend allwissenden Werk wie *Gardening* von Montague Free, das mehr dazu beigetragen hat, die USA zu einem humaneren Land zu machen als die gewissenhaftesten Reformer, findet man die verleumderische Aussage, dass die Kamelie nicht nur einen sauren Boden verlangt (was absoluter Humbug ist), sondern auch *eine Wintertemperatur von mindestens 10 Grad plus.* Oh, Mr Free! Oh, Miss Jekyll (die sich derselben furchtbaren Täuschung schuldig machte)! Wieso habt ihr uns so lange hinters Licht geführt? Woher euer geheimer Groll gegen die Kamelie? Ignoranten wie mir kann man keinen Vorwurf machen, aber dass *ihr* diese Anti-Kamelien-Propaganda verbreitet, ist unverzeihlich. Denn ein altes englisches Sprichwort besagt, dass die Kamelie so anspruchslos ist wie der Lorbeer. Und das stimmt. Wenn Sie ein weibliches Äquivalent suchen, dann werden Sie die Kamelie weder mit Mrs Virginia Woolf noch mit Miss Rose Macaulay vergleichen. Sondern mit Miss Dorothy Thompson oder Miss Elsa Maxwell oder einer der anderen Schwergewichtlerinnen der internationalen Gesellschaftspolitik.

Aber wieso sie überhaupt mit irgendetwas vergleichen, wo sie doch unvergleichlich ist.

*

Am nächsten Tag klapperte ich die Gärtnereien ab. (Wussten Sie, dass es in London Gärtnereien gibt? Die sich völlig unvermutet hinter den unauffälligsten Fassaden über riesige Areale erstrecken? Nein?

Nun, es gibt sie. Aber ich verrate Ihnen nicht, wo sie sind, weil ich nämlich, unablässig vor mich hinmurmelnd, gern allein dort herumstreife.

Ich fragte nach ganz gewöhnlichen Kamelien. Fünf Minuten später wanderte ich mit vorgeschobener Unterlippe vor einem Dutzend auf und ab. Ich wählte die Größte, die Üppigste, die am schönsten Gewachsene. Der Preis war so exorbitant, dass ich um ein Haar hintenüber gekippt wäre. Aber von allen Investitionen, die ich je getätigt habe, war das diejenige, die ich am wenigsten bedauert habe.

Eine Frage noch: Waschen Sie die Kamelie in Ihrem Stadtgarten? Ihren Flieder, Ihren Lorbeer oder was auch immer? Falls nicht, sind Sie ein roher, gedanken- und herzloser Mensch.

Ich wasche meine, Blatt für Blatt. Auf einem Stuhl stehend, eine Schüssel mit Seifenwasser auf der Mauer. Jedes einzelne Blatt wird sanft aber gründlich abgerieben, und Sie wären erstaunt, wieviel Dreck sich dabei löst, vor allem von den Ästen.

Ich finde es seltsam, dass Sie Ihre Babys waschen, nicht aber Ihre Pflanzen. Dabei haben Ihre Pflanzen es sicher nötiger. Schließlich müssen sie den ganzen Tag und die ganze Nacht draußen verbringen, was Ihre Babys (es sei denn, Sie treiben die Freiluftkultur ins Extrem) sicher nur selten müssen.

Außerdem macht das Waschen einen Baum oder Strauch viel schöner und bringt alle möglichen verborgenen und unerwarteten Farben und Farbnuancen zum Vorschein. Das können Sie von Ihren Babys nicht behaupten. Die bleiben einfach rosa. Aber vielleicht bin ich als Junggeselle auch voreingenommen.

Kapitel VIII
Rose und Kavalier

An einem heißen Tag im Juli – es muss vor ungefähr sieben Jahren gewesen sein – fuhr ich von Allways in die Stadt, zu einer Aufführung des *Rosenkavalier* in Covent Garden. Ich fuhr allein, denn Opern gehören für mich seit jeher zu den Dingen, die man am besten allein genießt. Es wäre wundervoll, den *Tristan* in einem großen Wald zu hören, ohne eine Menschenseele weit und breit. Auf den Tannennadeln zu liegen und durch eine Lücke in den Bäumen vage Gestalten zu sehen, die sich hin und her bewegen, und das rhythmische Auf und Ab des Dirigentenstocks.

An jenem Abend war ich ganz besonders froh, allein zu sein, denn es war eine überragende Vorstellung gewesen. Die Musik hatte gefunkelt wie unzählige Wasserfontänen. Sie hatte getänzelt und geglitzert; fast hatte man das Gefühl gehabt, sie *sehen* zu können – sehen zu können, wie die wundervollen Akkorde wie silberne Phantome über die Bühne schwebten. Die Sänger waren nichts als Stimmen, ihre Körper nichts als Illusion.

Ich trat auf die Straße, um noch ein wenig durch die duftenden Gassen des Markts zu schlendern, mich an den erinnerten Kadenzen zu berauschen und gleichzeitig die berauschenden Düfte von Melonen und Pfirsichen einzuatmen, gemischt mit dem erdigeren Geruch des Gemüses.

»Was für ein Zufall! Genau Sie habe ich gesucht!«

Ich drehte mich um und erblickte eine Dame, die von Kopf bis Fuß glitzerte. Wer war sie?

Ich gab gutturale Laute von mir.

»Ich weiß genau, dass es in Ihrem Cottage vor Mäusen nur so wimmelt! Mir brauchen Sie nichts vorzumachen.«

Cottage? Mäuse? Was hatte das alles zu bedeuten? Wer war diese Person?

»Jedenfalls hat Laura gesagt«, fuhr sie fort, »sie hätte wegen der Mäuse nicht schlafen können« – (wer war Laura?) – »und Alan sagte, Sie würden geradezu *aufgefressen*« (wer war Alan?) – »und da habe ich beschlossen, Ihnen ein Geschenk zu machen. Zwei himmlische Kätzchen. Halb siamesisch.«

»Nur halb?«, fragte ich scharf.

»Nun ja, es war eine Art Unfall. Für gewöhnlich ist Laura mehr als vorsichtig, wenn es um ihre Tiere geht. Fast zu vorsichtig, in gewisser Hinsicht, wenn man bedenkt, dass auch Katzen schließlich nur Menschen sind, wenn Sie verstehen, was ich meine. Jedenfalls ist dieses Malheur passiert und …«

»Und ich soll die Konsequenzen tragen?«

Die glitzernde Lady lachte wie ein in Bewegung geratener Wackelpudding.

»Genau, mein Lieber. Aber sie sind wirklich himmlisch. Sie haben alles, was typisch siamesisch ist, bloß ohne die Nachteile.«

»Nämlich?«

»Nun ja, Sie geben diesen entzückenden Klagelaut von sich, wie eine zutiefst deprimierte Möwe. Sie maunzen und maunzen und treiben einen schier in den *Wahnsinn*. Was schon einmal nicht schlecht ist, wie Sie sicher zugeben.«

»Ja, das gebe ich zu.«

»Außerdem sind sie so elegant, dass es kaum auszuhalten ist. Pechschwarz. Sehr schlank. Todschick.«

»Erzählen Sie weiter.«

»Mehr gibt es eigentlich nicht zu sagen. Aber finden Sie nicht auch, dass sie göttlich klingen?«

Ich dachte einen Moment nach. In gewisser Weise gab ich ihr Recht. Dieser Klagelaut … dieser eigenartige Schrei siamesischer Katzen, der so tragisch und doch so lächerlich ist, so bitter und doch so süß! Er hallte durch meinen Kopf, vermischte sich mit den noch nachzitternden Kadenzen der Opernmusik.

»Na gut«, brummte ich. »Ich nehme sie.«

»Sie brauchen gar nicht so barsch zu tun, mein Lieber. Eine Menge Leute würden sie auf der Stelle nehmen. Schließlich sind sie ein Phänomen.«

»Vorhin haben sie gesagt, ein Unfall.«

»Ein glücklicher.«

Wir trafen Verabredungen wegen ihrer Lieferung und kritzelten hastig die notwendigen Informationen über Bahnhöfe und Lieferzeiten auf alte Briefumschläge. (Ich hatte immer noch keine Ahnung, wer die Frau war.) Als wir uns trennten, sagte ich:

»Es sind natürlich Kater, oder?«

»Natürlich.«

»Ich werde sie Rose und Kavalier nennen.«

»Aber, mein Lieber, es sind beides Jungs.«

»Dann ist es eben das erste Mal, dass ein Junge Rose genannt wird.«

»Es wird einen Schatten über sein Leben werfen.«

»Wenn er so elegant ist, wie Sie sagen, wird er darüber hinwegkommen.«

Damit verließ ich den glitzernden Wackelpudding, der in einen blitzenden Rolls-Royce waberte. Ich weiß noch, dass ich mich fragte, ob Rose und Kavalier auch so schnittig und elegant aussehen würden wie der Rolls. Dann hörte ich auf zu grübeln, denn die Musik schien aufs Neue zu erklingen. Ich betrat den dämmrigen Markt, spielte im Kopf die Opernszenen noch einmal durch, durchlebte noch einmal die zauberischen Augenblicke dieses künstlerischen Meisterwerks. Aber die ganze Zeit schienen Katzen über die Bühne zu tänzeln.

*

Eine Woche später hielt ich mich mit einem Mann namens George im Cottage in Allways auf, als ein Telegramm mit der überaus geheimnisvollen Botschaft eintraf:

ANKUNFT ROGEN UND KAVIAR ZWEI UHR DREISSIG BAHNHOF ALLWAYS STEPHANIE.

»Irgendjemand scheint uns ein Geschenk machen zu wollen«, sagte ich. »Aber wieso Kaviar und Rogen?«, fragte ich George.

»Vielleicht wollte Stephanie sich ganz genau ausdrücken. Vielleicht sagt man in Russland so. Ist Stephanie vielleicht russisch?«

»Ich habe nicht die leiseste Ahnung, wer oder was sie ist.«

»Es ist aber wichtig. Manche Frauen glauben nämlich, alles was schwarz ist und wie Anchovis-paste riecht, muss Kaviar sein.«

»Nur wenn sie selbst dafür bezahlen müssen.«

»Sollen wir die Sachen einfach *nicht* abholen?«

»Ich glaube, das ist keine so gute Idee. So heiß, wie es zur Zeit ist, verderben sie womöglich und fangen an zu stinken und lösen eine Epidemie aus.«

Als fuhren wir los, um den Zwei-Uhr-dreißig-Zug zu erwarten.

*

Der verschlafene kleine Bahnhof von Allways liegt circa sechs Meilen vom Dorf entfernt, und wieso er Allways heißt, kann ich nicht sagen, denn mindestens sechs andere Dörfer liegen viel näher. Überhaupt ist unbegreiflich, wieso es in diesem Teil des Landes überhaupt einen Bahnhof gibt. Kaum ein Zug hält hier an. Die meisten donnern auf ihrem Weg nach Norden verächtlich durch, lassen den Spielzeugbahnsteig erbeben und verursachen momentane Orkanböen, die Zeitungsfetzen hoch in die Luft wirbeln und den einsamen Gepäckträger dazu veranlassen, an seine Mütze zu fassen und sich erstaunt umzusehen, als hätte ihm jemand einen Schlag in die Magengrube verpasst.

Gelegentlich jedoch hält tatsächlich einmal ein Zug an, um eine Ladung Schulkinder, einen oder zwei Bauern und eine nette, dicke, mit Tüten beladene alte Dame auszuspucken. Diese Züge sind charmante, winzige Miniaturen, die so langsam durch die Fens schnaufen, dass man sie eine wahre Ewigkeit kommen sieht und das Gefühl hat, einen langen Spaziergang machen zu können und doch rechtzeitig vor ihrer Ankunft wieder zurück zu sein.

Endlich war er da. Eine alte Frau und zwei Schulkinder stiegen aus. Der Gepäckträger öffnete die Tür des Gepäckwagens und stellte einen großen Korb auf den Bahnsteig.

»Das muss es sein«, sagte George. »Aber für Kaviar ist der Korb viel zu groß.«

»Aber nicht für Rogen«, witzelte ich. Im selben Augenblick ging mir ein Licht auf. Rogen? Rogen? Rogen und Kaviar? Nein! Rose! Rose und Kavalier!

»Rose und Kavalier!«, schrie ich und zerrte George am Arm hinter mir her. »Nicht Rogen und Kaviar. Rose und Kavalier!«

Inzwischen hatten wir den Korb erreicht. Und aus ihm drang ein leiser und sehr klagender Klagelaut – das an Möwen erinnernde Klagen siamesischer Kätzchen. Zum ersten Mal in meinem Leben sprachen Rose und Kavalier mit mir.

Alle anderen Gedanken traten in den Hintergrund. Alles andere auch. Denn wenn neue Kätzchen ins Haus kommen, ist es, als sei königlicher Besuch eingetroffen. Alles muss hinter ihrer Bequemlichkeit zurückstehen. Stimmen müssen gedämpft, Stühle in geeignete Positionen gerückt, spezielle Mahlzeiten zubereitet werden.

Falls Sie der Meinung sind, dass das der Mühe zu viel ist, werden Sie nie eine der größten Freuden all derer kennenlernen, für die Tiere in gewisser Hinsicht wundervoller sind als Menschen. Sie werden nie in eine der vornehmsten Ordensbruderschaften der Menschheit aufgenommen werden – die Ordensbruderschaft der Katze.

*

Wir öffneten die Tür des Gartenzimmers. Wir stellten den Korb sanft auf den Boden.

Vorsichtig, um die Kätzchen nicht zu ängstigen, durchschnitten wir die Schnur, die den Korb geschlossen hielt.

Sanft, ganz sanft, hoben wir den quietschenden Deckel an. Und da waren sie, die beiden seltsamsten kleinen Fellbündel, die Sie je gesehen haben. Sie blinzelten ins Sonnenlicht.

Sie waren sehr mager, mit riesigen Augen, in denen das Babyblau schon vom Grün der Jugend überhaucht war. Pechschwarz. Nicht ein einziges weißes Haar irgendwo. Ihr Fell so glatt wie ein frischgebürsteter Seehundmantel. Sie zitterten ein klein wenig.

Abgesehen davon verharrten sie völlig reglos. Nur ihre Augen bewegten sich langsam durch den Raum. Dabei konnte man sehen, wie sich die schwarzen Pupillen im Sonnenlicht verengten. Alles Mögliche spiegelte sich in diesen Augen wider – die Scheiben des Fensters, das Blau der Chintzbezüge, unsere Gesichter – wie Bilder in einem Konvexspiegel.

Keiner von uns bewegte sich. Starr wie Statuen beobachteten wir die Kätzchen. Die Kätzchen blieben majestätisch in ihrem Korb sitzen. Obwohl sie zitterten, waren sie absolut Herren der Situation. Sie waren Aristokraten, und das wussten sie. Nichts Zaghaftes lag in ihrem Verhalten. »Mag sein, dass unsere Gliedmaßen von einem leichten nervösen Flattern befallen sind«, schienen sie zu sagen. »Aber ein echter Gentleman steht über diesen Dingen. Wir sind nicht an unseren Gliedmaßen interessiert, sondern ausschließlich an dem neuen Domizil, in das wir transportiert wurden, und im Augenblick versuchen wir zu entscheiden, ob es ein Domizil ist, das unsere Billigung finden kann.«

Wir rührten uns immer noch nicht. Kein Laut war zu hören. Die Kätzchen blieben, leise zitternd, wo sie waren. Und dann …

Durch die offene Tür schwebte eine Feder, eine ganz gewöhnliche Hühnerfeder, schneeweiß, die der Sommerwind von einem Bauernhof über die Hecken geweht hatte. Sie tänzelte ins Zimmer, verharrte einen Moment und sank zu Boden. Die Augen der Kätzchen waren gebannt darauf gerichtet. Die Feder bewegte sich leise. Die Kätzchen sahen sie unverwandt an. Sie bewegte sich noch einmal, schwebte in eine Ecke. Und plötzlich sprang eins der Kätzchen mit überwältigender Anmut aus dem Korb, schnellte zur Feder, schlug mit der Pfote danach, machte Drohgebärden, zog sich zurück, sprang noch einmal darauf zu, setzte sich dann mit Entschiedenheit auf das weiße Ding und gähnte.

Ich drehte mich zu George um. »Alles in Ordnung«, sagte ich. »Sie sind mit uns einverstanden.«

*

Alle, die Katzen lieben, alle, denen bewusst ist, dass sie nicht einfach nur lebende Mausefallen sind, sondern extrem empfindsame Wesen, die nicht nur Verständnis erwarten, sondern auch Takt und vor allem *Höflichkeit*, werden mir zustimmen, dass die ersten Tage, die eine Katze in einem neuen Haus verbringt, Tage beträchtlicher Angst und Sorge sind.

»Wir müssen ihre Pfoten mit Butter bestreichen«, sagte George. »Damit sie nicht weglaufen.«

Also gingen wir in die Küche, holten ein großes Stück Butter und ein Messer und kehrten ins Gartenzimmer zurück, wo die Kätzchen immer noch mit der Feder beschäftigt waren.

Bis zu jenem Tag war ich immer ein Anhänger des Pfoten-Einbutterns gewesen. Das Pfoten-Einbuttern gehört zu den Weisheiten, die man auf dem Mutterschoß lernt und mischte sich in meinem Kopf mit zahlreichen anderen häuslichen Maximen, als da wären …

Collies sind heimtückisch.
Sonnenschein löscht Feuer.
Wenn einem der Mond im Schlaf ins Gesicht scheint, wird man wahnsinnig.
Erkältungen muss man füttern, Fieber aushungern.
Eine Dame erkennt man an ihren Schuhen und Handschuhen.
Zehennägel schneidet man gerade, Fingernägel rund.

Wir alle verfügen über einen Schatz derart simpler weltlicher Weisheiten, die unsere Mütter uns gelehrt haben, und obwohl die Erfahrung uns manchmal dazu bringt, unsere Meinungen zu revidieren (aber nicht, was die Zehennägel angeht), behalten sie eine seltsame Autorität. Es sind die ersten Weisheiten unserer Kindheit, und eine davon lautet: Man muss die Pfoten einer Katze mit Butter bestreichen, damit sie nicht wegläuft.

In diesem Fall funktionierte es nicht. Wir fingen mit dem größeren Kätzchen an. Sobald wir es streichelten, um es auf das Buttern vorzubereiten, erhob es sich mit bezaubernder Höflichkeit, schnurrte laut und machte einen Buckel. Wir versuchten, etwas Beruhigendes in das Streicheln zu legen, aber das Kätzchen verstand uns falsch. Es kam zu dem Schluss, dass ein Spiel gespielt werden sollte und lüftete eine Pfote.

»Das ist unsere Chance«, sagte George. Und obwohl es sehr unfair schien, hoben wir das Kätzchen hoch. George hielt es fest, ich machte die Butter einsatzbereit.

Kavalier streckte eine Pfote vor, als erwarte er, dass wir sie sanft und ehrerbietig küssen würden. Als anstelle des Kusses ein gehöriger Klecks Butter auf seine Pfote gepflanzt wurde, flog ein leiser Ausdruck des Abscheus über sein Gesicht. Wir hofften auf das Beste.

Wir setzten ihn so vorsichtig ab, als könne er jeden Augenblick explodieren. »Pst«, flüsterte George. »Sag nichts.«

Wir beobachteten ihn. Kavalier beäugte die Butter, immer noch mit demselben Ausdruck des Abscheus. Dann schleuderte er sie mit einer schnellen Pfotenbewegung von sich. Sie landete mitten auf dem einzigen anständigen Kissen im ganzen Cottage.

»Wenn wir wollen, dass sie bleiben«, sagte George, »müssen wir uns wohl auf unseren Charme verlassen.«

Anscheinend reichte unser Charme aus, denn

weit davon entfernt, weglaufen zu wollen, wurden die Kätzchen und wir schier unzertrennlich. Morgens riefen sie nach uns, kletterten an der Glyzinie hoch und sprangen vom offenen Fenster aufs Bett, wo sie sich daranmachten, die Laken mit einem launigen Muster aus Kratzspuren zu verzieren.

Bald schon hatten sie sich zu begeisterten Gärtnern entwickelt … sie steckten ihre Pfoten in jede Gießkanne, wälzten sich auf den ausgesuchtesten Sämlingen und kamen angeflitzt, sobald sie die Schubkarre hörten, in der sie sich leidenschaftlich gern herumfahren ließen. Sie begleiteten uns sogar auf langen Spaziergängen, schossen in schnellen, anmutigen Zickzacklinien durch das hohe Gras, bekamen plötzlich einen Koller und jagten sich gegenseitig zum Haus zurück.

Als es Herbst wurde, war ich bis über beide Ohren in beide verliebt.

*

An einem trüben Novembertag fiel mir auf, dass mit Rose etwas nicht stimmte. Wir hatten eins unserer Lieblingsspiele gespielt, das darin bestand, Rose auf den Rücken zu drehen, seine beiden Vorderpfoten zu packen und ihn kreuz und quer durchs Zimmer zu schleifen. Ich selbst möchte das lieber nicht mit mir machen lassen, aber Rose schien es zu lieben, und wenn man seine Pfoten irgendwann losließ und sich keuchend und knallrot im Gesicht aufrichtete, blieb er auf dem Rücken liegen und sah, lässig mit einer Pfote wippend, erstaunt zu einem hoch. »Habe ich etwa gesagt, dass du aufhören sollst? Habe ich etwa angedeutet, dass ich genug habe?«

Als er im flackernden Licht des Feuers auf dem Rücken liegenblieb, sah ich eine Schwellung. Ich betastete seinen Bauch, und er miaute, als habe er Schmerzen. Zu meinen vielen von mir selbst ungeliebten Charaktereigenarten gehört die Unfähigkeit, »aus Barmherzigkeit unbarmherzig zu sein«. Ich hätte ihn ins Licht zerren und in seinem Fell herumstochern müssen, ohne auf sein protestierendes Miauen zu achten. Aber ich bin ein Schwächling. Ich hob ihn einfach nur hoch und streichelte ihn und hoffte, dass die Schwellung von allein zurückgehen würde.

Sie tat es nicht. Am nächsten Morgen war sie größer geworden. Und da Rose mir inzwischen viel bedeutete und es manche Bäume gab, die ich nicht betrachten konnte, ohne seine schwarze Silhouette zwischen den Zweigen herumstreichen zu sehen, und manche Senken im Wald, in denen sein Geist für immer und ewig herumspuken würde … ein sehniger, schwarzer, sprungbereiter Geist … hielt ich es für das Beste, ihn sofort nach London zu bringen und den besten Tierarzt aufzusuchen, den man für Geld haben konnte. Genau das tat ich.

Der Tierarzt beruhigte mich. Die Schwellung sei kein Grund zur Besorgnis und würde mit der Zeit zurückgehen, sagte er. Aber um sicherzugehen, würde er Rose ein paar Tage dabehalten.

Das tat er. Die folgenden Tage waren für mich genauso schrecklich wie für Rose. Ich dachte daran, wie er allein in seinem Käfig saß, wo niemand ihn verstand, niemand wusste, dass er es gern hatte, wenn seine linke Gesichtsseite gekrault wurde, nicht aber die rechte, oder dass man den Teller mit seinem Fressen drehen musste, weil er so aristokratisch war, dass er sich nicht der Mühe unterziehen konnte, selbst auf die andere Seite zu gehen, um seine Mahlzeit zu beenden.

Aber es war ja nur für drei Tage. Als ich Rose abholte, ließ seine Wiedersehensfreude alles andere in Vergessenheit geraten.

Aber die Freude währte nur kurz. Kaum hatte ich ihn zu Hause aus dem Korb geholt, war klar, dass er krank war, viel kränker als vorher. Seine

Nase war heiß, sein Fell stumpf. Er verweigerte jedes Fressen. Er konnte nicht einmal sitzen. Er sank vor dem Feuer nieder und fing an zu husten.

Man hatte Rose in einen Käfig gesteckt, in dem vorher eine Katze mit der tödlichen Katzengrippe untergebracht gewesen war, und er hatte sich angesteckt. Die Schwellung war harmlos gewesen. Hätte ich ihn zu Hause behalten, wäre gar nichts passiert. So aber hatte er sich in der eleganten, teuren Praxis des Tierarztes diese Krankheit geholt. Und war dem Tod geweiht.

Kein Schnurren, wenn man ihn streichelte. Nur ein Seufzen, wenn man ihn hochhob. Keine seiner bewundernswerten Bewegungen – kein Durchwölben des Rückens, kein langsames Streichen um Beine, kein langes, anmutiges Strecken, kein hochgerecktes Gesicht. Nur ein trauriges, hoffnungsloses Zu-Boden-Sinken, und dieses geisterhafte Husten.

Spät in der Nacht ließ ich ihn im Sessel zurück. Ich dachte an das kleine Kätzchen im Sonnenlicht, als die Feder durch das Fenster geschwebt kam. Ich erinnerte mich daran, wie er durch das hohe Gras gerannt war, dachte an seine süße, warme Eleganz, wenn er ausgestreckt auf meinem Bett lag, daran, wie er auf dem Dach herumkletterte, an sein klagendes Miauen, wenn er an einem Winterabend ins Haus wollte. Und jetzt … er war fast schon von uns gegangen. Seine Augen würden sich bald für immer schließen, nur das Husten blieb, als letzte Erinnerung an eine Welt, die ihm so viel Freude bereitet hatte.

Er starb in dieser Nacht. Am frühen Morgen fanden wir ihn ganz still vor dem Feuer, dessen Asche noch glühte. Und Kavalier strich wie besessen vor dem Zimmer auf und ab und erhob seine Stimme zu einem bitteren, protestierenden Klagen gegen die Ungerechtigkeit des Lebens.

*

Wir kommen über Dinge hinweg. Es mag sentimental sein, über den Tod eines Tiers so bekümmert zu schreiben wie über den Tod eines Menschen. Aber als mein Hund ein Jahr vorher gestorben war, friedlich, natürlich, im Schlaf, hatte ich mich gefragt, bei wie vielen meiner Freunde ich dieses Gefühl der Leere und des Verlusts empfinden würde.

Jetzt war es dasselbe.

Wenn man ein Flugzeugunglück überlebt, soll man sofort in das nächste Flugzeug steigen und sich in den Himmel hinaufschwingen, sonst hat man nie wieder den Mut dazu, heißt es. Diesem Prinzip folgend, spürte ich die geheimnisvolle Dame von der Oper auf, ermittelte Roses Herkunft und Geburtsort und erstand Rose II, ehe ein Monat vergangen war. Rose II war ein Halbbruder von Rose I und ein genaues Ebenbild von ihm. Es erübrigt sich zu sagen, dass Kavalier, der in Trauer versunken war, nichts von dem Neuankömmling wissen wollte. Er saß in einer Ecke, die Augen sprühend vor Kummer und Hass, und wies alle Annäherungen des mageren, einsamen kleinen Eindringlings zurück. Doch allmählich gab er nach. Vielleicht sah er in Rose II doch etwas von dem geliebten Gefährten, den er verloren hatte. Vielleicht spürte sein seltsames Katzenhirn, dass Rose II eigentlich eine Wiedergeburt war. Aus welchem Grund auch immer, das Grollen wurde leiser, die Augen sprühten weniger hasserfüllt. Und eines Tages, Wunder über Wunder, kam es zu einem Beschnuppern, Nase an Nase, sofort gefolgt von einem bösartigen Pfotenschlag über die Ohren. Aber das war das erste und einzige Mal, dass Kavalier Rose II attackierte.

Als wir irgendwann später nach London zogen, waren die beiden nicht nur unzertrennlich – sie sahen sich auch so ähnlich, dass man sie kaum auseinanderhalten konnte.

Wir müssen zum Garten zurückkehren, und ich entschuldige mich dafür, Sie so lange aufgehalten zu haben. Aber Rose und Kavalier werden so unablässig bei uns sein, über die Mauern huschen wie lebendig gewordene ägyptische Fresken, uns beim Pflanzen helfen, beim Säen und Gießen, dass Sie unbedingt etwas über ihre Geschichte erfahren mussten.

Kapitel IX
Eins führt zum anderen

Irgendwann wurde das Gewächshaus geliefert und aufgebaut, und dann kam die Kuppel, die geradezu riesig aussah und mit den monströsesten Gerätschaften hochgehievt werden musste. Natürlich hatten die Nachbarn vorher um ihre Einwilligung gebeten werden müssen. Die Dame von nebenan und die Bewohner der Nummern 4, 3 und 2 hatten keine weiteren Einwände erhoben. Mrs H. dagegen hatte natürlich Himmel und Hölle in Bewegung gesetzt, um die Errichtung der Kuppel zu verhindern, aber all das war inzwischen ausgestanden. Drei Wochen später wanderte ich wie so oft in mein wunderbares Gewächshaus und wurde vom scharfen, sauberen Duft zahlreicher Chrysanthemen begrüßt. Ich hatte sie gekauft (obwohl ich mich gar nicht auf Chrysanthemen »kapriziert« hatte), als ich fürchtete, Mrs H. könne mich zwingen, das Gewächshaus wieder abreißen zu lassen, und ich wollte, dass es wenigstens ein paar Tage mit pflanzlichem Leben gefüllt war. Es gab Chrysanthemen mit schokoladenfarbenen Blüten, mit einem Hauch von Safran im Hintergrund, jede einzelne so perfekt gekringelt, als habe ein begnadeter Friseur die ganze Nacht an jedem anbetungswürdigen Köpfchen gearbeitet. Es gab *boules de neige*, die wirklich wie Schneebälle aussahen und eine Menge angenehm unprofitabler Fragen aufwarfen, wie z.B., ob sie die weißesten aller weißen Blüten sind oder ob das Weiß der Madonnenlilie oder der Gardenie noch makelloser ist (als das der Chrysanthemen, finden Sie nicht auch?) Es gab zwei Hängechrysanthemen, die über die Ränder der Borde schäumten wie gefrorene Gischt, und eine Fülle an Gelb und Bronze.

Ich hob den Kopf zum Milchglasdach der Kuppel. Wenn Sie wüssten, wie faszinierend es ist, durch ein solches Dach zu blicken. Es ist, als befände man sich in einer Taucherglocke. Vögel, die darüber hinwegfliegen, wirken wie die Schatten von Fischen, die Zweige der Bäume könnten wabernder Seetang sein, und das Licht ist vage und wässrig – obwohl ich mich beeile, Ihnen zu versichern, dass ein steter Strom goldenen Sonnenlichts durch das Südwestfenster fällt, und auch die verglasten Türen lassen eine Menge Licht ein.

Natürlich hat mein Gewächshaus alle möglichen Nachteile. Zu viel Licht auf der einen Seite, zu wenig auf der anderen. Von nun an wird ein großer Teil meiner Zeit damit verbracht werden, Blumentöpfe vom Licht wegzudrehen, damit die Pflanzen in ihnen die Chance bekommen, gerade zu wachsen. Aber könnte das Leben eine angenehmere Beschäftigung bieten? Gibt es eine angenehmere Art, eine geruhsame Stunde zu verbringen, als ins Gewächshaus zu gehen und alle Blumentöpfe, deren Bewohner sich dem Licht zu sehr entgegenrecken, ein Stück zu drehen. Es verleiht einem ein Gefühl der Größe und der Macht.

Doch wir können nicht ewig im Gewächshaus herumtrödeln. Weitere große Abenteuer erwarten uns. Sie haben zwar mit dem Gewächshaus zu tun, aber ich wette, Sie kommen nie darauf, um was es sich handelt.

Ich selbst wäre auch nicht darauf gekommen. Aber so spielt das Leben. Die größten Entdeckungen werden immer von Menschen gemacht, die eigentlich auf etwas ganz anderes aus sind. Angefangen bei Columbus sind die berühmtesten Entdecker rein zufällig über irgendwelche Dinge gestolpert. Sie wollen irgendeinen obskuren Berg besteigen und stürzen in eine ebenso obskure Schlucht. Sie stoßen auf Öl, wenn sie nach Diamanten schürfen und finden Gold, wenn sie einen Kartoffelacker umgraben. Genauso erging es mir. Ich wollte einen Werkzeugschuppen. Und bekam ein Farnhaus.

*

Und das kam so. Ich wollte, dass das Gewächshaus sich zumindest teilweise selbst trug. Es hatte so viel Künstliches an sich – elektrisches Licht, eine komplizierte Heizung –, dass ich das Gefühl hatte, etwas mehr Natürlichkeit herstellen zu müssen. Deswegen hatte ich auf einem Regenwassertank bestanden, statt fließend Wasser legen zu lassen, und deswegen beschloss ich jetzt, meinen eigenen Humus herzustellen.

Wahrscheinlich hätten Sie nicht gedacht, dass eine so banale Entscheidung das Leben eines Mannes verändern kann. Aber sie veränderte meins.

Versuchen Sie also bitte, die Dinge so zu sehen, wie ich sie in jenem stürmischen Herbstmonat sah. Unser Leben wurde bestimmt vom Rhythmus der fallenden Blätter. Und jedes Blatt, das über die Mauer geweht wurde, schien mir wie ein verlorener Schatz, wie eine davonwirbelnde Goldmünze der Fruchtbarkeit. Denn es gab keinen einzigen noch so kleinen Fleck, an dem dieser

Blätterschatz gehortet werden konnte. Aber ich *musste* meinen eigenen Humus haben. Ich *musste* einen Werkzeugschuppen haben, in dem ich eine Kiste für das Laub aufstellen konnte. Ich würde die Tür offen lassen, die feuchten, duftenden Blätter zusammenpressen und immer wieder umwälzen und beschnuppern und schließlich in Säcke packen. Bloß wo, wo, wo?

Ich dachte an die Wonnen, die mir gehören würden, könnte ich diese vorbeiwirbelnden Blätter sammeln, mich über sie beugen, ihren süßen Duft einatmen und an das neue Leben denken, das sie durch ihren gemeinschaftlichen Tod der kargen Erde da draußen bringen würden. Und ich beschloss, dass ein Platz für diesen Humus gefunden werden musste, und wenn ich dafür das Badezimmer opfern oder irgendein monströses Konstrukt auf den Schornstein setzen musste.

*

Als Erstes verbrachte ich lange Stunden auf dem Dachboden, niesend, auf einer Kiste mit alten Decken sitzend. Wenn man die Taschenlampe über die Wände schwenkte, entdeckte man alle möglichen Stellen, wo sich im Handumdrehen eine Gaube einbauen ließ, und in einem weiteren

Handumdrehen ließe sich vor der Gaube eine Plattform für die Humuskiste anbringen. Ich spielte tatsächlich mit diesem Gedanken. Ich dachte sogar daran, das ganze Dach abzutragen, und hier oben eine Art Dépendance des Gartens anzulegen, was zeigt, zu welchen Idiotien ein Mann fähig ist, wenn er sich etwas in den Kopf gesetzt hat. Ich ließ mich von diesem Vorhaben nur durch einen rechtzeitigen Blick in meinen Pachtvertrag abbringen, der jede Menge Klauseln über »grundlegende Veränderungen des Anwesens« enthielt. Und während ich vorsichtig über Dachsparren balancierte, ging mir auf, dass größere Lasten die Decke garantiert zum Einsturz bringen und jede Menge »grundlegende Veränderungen« verursachen würden.

Der Dachboden fiel also flach.

Als Nächstes richtete sich mein Augenmerk auf eine winzige Ecke im Schatten des Hauses nebenan. Sie war nur so groß wie ein Küchentisch, aber sie war da, und sie gehörte mir, und sie tat überhaupt nichts, um ihre Existenz zu rechtfertigen. Aufgrund der Tatsache, dass sie völlig mit Liguster zugewachsen war, konnte man ihre Ausmaße nur einschätzen, indem man im Schlafzimmer auf einen Stuhl kletterte und sich bäuchlings über die Fensterbank hängte, um um die Ecke spähen zu können. Von daher war mein Eindruck vielleicht eher vage. Als der herbeigerufene Mr Peregrine eintraf und erfuhr, dass ich der Meinung war, man könne dort ein nettes kleines Etwas hinbauen, Humus auf dem Dach lagern und vielleicht dazu ein paar Pflanzkästen hinstellen, in denen wundervolle Hängegeranien die dämmrige Ecke mit ihren Blüten zum Erglühen bringen würden, schüttelte er den Kopf.

»Ich will Sie gewiss nicht davon abbringen, Sir«, hub er wie üblich an. Und fuhr dann damit fort, mich völlig und absolut davon abzubringen. Ein Konstrukt, wie ich es im Sinn hatte, konnte nicht für Humuslasten angelegt werden. Sobald etwas Schweres darauf gelagert würde, würde es zusammenbrechen. Und falls nicht, würde es zumindest undicht werden und giftige Absonderungen würden auf jene herabtropfen, die sich darunter aufhielten. Und wenn es nicht undicht wurde, würde es schimmeln, was bedeutete, dass alles, was sich darauf befand, ebenfalls schimmeln würde. Der Humus würde sich in eine Kolonie schauderhafter Kriechtiere verwandeln. Er würde anfangen zu – riechen. Die Wurzeln der Blumen würden faulen. Die zuständigen Behörden würden Anfälle bekommen. Die Katastrophen, die Mr Peregrine vorhersah, nahmen kein Ende. »Aber ich will Sie gewiss nicht davon abbringen, Sir«, kam er zum Schluss.

Das fiel also auch flach.

Ein Tunnel! Wenn es einen Keller gäbe, ließe sich daraus sicher etwas machen. Beispielsweise könnte man dort Pilze züchten. Aber es gab keinen Keller.

Ich spielte mit dem Gedanken, einen Teil der Straße zu vereinnahmen. Sicher, sie gehörte nicht mir, sie gehörte uns allen gemeinsam. Aber wenn ich mich nachts nach draußen schlich und immer nur einen Zentimeter Beton wegkratzte, würden die anderen vielleicht nichts merken. Und wenn ich derweil besonders bezaubernd zu allen wäre und mit Komplimenten um mich warf und Flaschen besten Portweins an alle verteilte, ließen sie sich vielleicht in eine Trance der Zustimmung lullen.

Was nun Mrs H. betraf, so konnte ich mich auf die Lauer legen und mich heimlich hinschleichen und ihre Scheinwerfer ausschalten, wann immer sie das Auto auf der Straße stehen ließ. Dann konnte ich hinrennen und klingeln und sagen, das Standlicht sei aus, dürfte ich es vielleicht für sie einschalten? Derartige Aufmerksamkeiten würden sicherlich eine Atmosphäre des guten Willens schaffen, genug, um jede vorübergehende Überraschung oder Empörung auszugleichen, die sich vielleicht einstellte, wenn ich ein paar mickrige Meter Straße vereinnahmte.

Aber als ich Maß nahm und die Lage genauer sondierte, ging mir auf, dass es, wenn die Straße auch nur 30 Zentimeter schmaler wäre, fast unmöglich wäre, mein eigenes Auto hindurchzumanövrieren, selbst wenn ich es mit Vaseline einschmierte und ein wahres Genie ans Steuer setzte. Das fiel also auch flach.

*

Jetzt kommen wir tatsächlich zum Humus. Und vom Humus zum Geräteschuppen und vom Geräteschuppen zu den Farnen. Sie warten gleich hinter der Ecke, breiten ihre Wedel aus, um sich von uns inspizieren zu lassen. Wedel, die mit Gold und Silber verbrämt sind. (Wussten Sie, dass es goldene und silberne Farne gibt? Nein? Sie werden staunen.)

Und der Weg zu ihnen führt, so seltsam es klingen mag, durch einen schmalen Durchgang neben der Garage.

Es ereignete sich folgendermaßen.

Aufgrund des bereits erwähnten Platzmangels mussten alle Gartengerätschaften in der Garage aufbewahrt werden. Zuerst waren es so wenig, dass sie sich leicht verstauen ließen, aber allmählich verlangte die Entwicklung des Gartens eine imposante Sammlung von Spaten, Rechen, Harken, Pflanzenhebern, Forken, Scheren und was nicht allem. Sie wissen selbst, wie es mit Gartengeräten ist. Sie haben genau den richtigen Platz dafür, aber irgendwie ist nichts je an diesem Platz zu finden. Sie haben es eilig und lassen den Rechen einfach fallen, statt ihn aufzuhängen, und da bleibt er liegen und bleckt die Zähne zu einem ewigen Grinsen.

Nun ist es nicht weiter wichtig, wenn er die Zähne in einem geräumigen alten Geräteschuppen auf dem Land bleckt, doch wenn er es in einer kleinen, als »niedlich« bezeichneten Garage tut, spielt das sehr wohl eine Rolle. Jeden Abend fegte ich durch das Tor, das den Zugang zur Highways Close bildet, beschrieb einen eleganten Bogen, vermied es gerade eben so, die Flügel der Garagentüren zu streifen, stieg auf die Bremse und – krach! Ganz Heathstead wurde vom Lärm der Gartengerätschaften, die auf dem Boden herumklapperten, aus dem Schlaf geschreckt.

Nun denken Sie vielleicht, wenn man einen derart elementaren Fehler einmal begangen hat, begeht man ihn nie wieder. Genau da irren Sie sich.

Sie begehen ihn wieder und wieder, und eines Nachts beging ich ihn ein Mal zuviel. Ich fegte in die Garage. Es gab ein lautes Geräusch. Ich stieg aus und stellte fest, dass sich die neue Gartenschere tief in den Vorderreifen gebohrt hatte.

Das war nun wirklich zuviel. Laut fluchend öffnete ich die Tür zu dem kleinen Durchgang, der in den Garten führt, und schmiss die Schere hinein. Dann sammelte ich alle Gerätschaften in Sichtweite ein und pfefferte sie hinterher. Genau in diesem Augenblick war das Problem des Geräteschuppens gelöst. Der Durchgang *war* der Geräteschuppen. Er war über zwei Meter lang und brauchte nur eine weitere Tür zum Garten hin, damit es nicht hineinregnen konnte.

Höchst zufrieden ging ich ins Bett.

*

In überraschend kurzer Zeit war der Umbau des Durchgangs erledigt. Eine neue Tür wurde eingebaut, Regale angebracht, Kisten mit Humus, Kalk, Sand und Knochenmehl darunter auf dem Boden aufgereiht. Der Geräteschuppen war komplett. Und er war viel größer, als man es für möglich gehalten hätte. Zwei dicke Männer und eine dünne Frau hätten sich darin aufhalten können, ohne dass es zwangsläufig zu Unziemlichkeiten gekommen wäre.

»Sehen Sie nur«, sagte ich eines Morgens zu Joseph. »Wie viel Platz noch auf den Regalen ist. Wenn wir ein bisschen mehr Licht hätten, könnten wir die Stecklinge darauf unterbringen.«

Joseph hob den Kopf zur Decke, sah mich an und grinste.

»Nein«, sagte ich streng. »Wir können kein Glasdach einbauen. Mrs H. würde einen Anfall bekommen.« Ich hob den Kopf ebenfalls. »Oder können wir?«

Ich brauche wohl nicht zu sagen, dass wir es taten. Eine weitere Woche, und das Glasdach war installiert. Und es war nicht Mrs H., die einen Anfall bekam, sondern ich selbst. Denn das Glasdach schien in Bezug auf die Lichtverhältnisse überhaupt keinen Unterschied auszumachen. Der Durchgang war immer noch in ewiges Dunkel getaucht und jeder Steckling, den man hier hätte hochpäppeln wollen, wäre zu einem frühen Tod verurteilt gewesen.

Mehrere Tage werkelte ich in dem dunklen, zugigen Kabuff herum und suchte nach Möglichkeiten, wie das Licht sich verbessern ließ. Sicher, es war nett, diesen ganzen Platz für die Gartengeräte, den Humus und alles andere zu haben, aber die Vergeudung der zusätzlichen Flächen machte mich schier verrückt.

Wäre nicht ein zweites Missgeschick passiert, würde die Platzverschwendung mich wahrscheinlich bis heute verrückt machen.

Eines Tages ließ Joseph auf der Zufahrt eine große Glasscheibe fallen. Ich rannte hin um zu sehen, was passiert war, und flehte ihn an, die Scherben unverzüglich wegzufegen, um Mrs H. keinen Grund für neuerliche Beschwerden zu geben.

Zu spät! Ich hätte wissen müssen, dass dies eine Gelegenheit war, die Mrs H. sich natürlich nicht entgehen lassen konnte. Kaum war Joseph davongeeilt, um einen Besen zu holen, stand sie schon neben mir.

Ich lüftete den Hut und murmelte das Übliche. Es war das erste Mal seit langem, dass wir miteinander redeten, und ich war gespannt, welche Haltung sie einnehmen würde. Ich sollte es bald erfahren. Die Haltung einer Märtyrerin, die Haltung schicksalsergebener Resignation. Sie passte überhaupt nicht zu Mrs H.

»Es tut mir so leid, Sie belästigen zu müssen«, sagte sie mit kläglicher Stimme, »aber dieses Glas?« (Sie sah beim Sprechen weder mich noch das Glas an. Sie sah zum Himmel auf und verzog das Gesicht, als erwarte sie einen Schlag aufs Kinn.)

»Joseph wird es sofort wegfegen«, antwortete ich. Und schon kam er mit einem Besen herbeigeeilt.

»Wie überaus gütig«, hauchte sie, den Blick immer noch himmelwärts gerichtet. »Ich frage auch nur, weil ich das Auto herausholen wollte.«

Ich sah zum Anfang der Straße, wo zu meinem Kummer ausgerechnet jetzt ein großer Laster auftauchte und versuchte, um die Ecke zu manövrieren. Mrs H. sah ihn ebenfalls. In den letzten Monaten waren so viele Laster für mich eingetroffen, dass wir beide annahmen, auch dieser müsse für mich bestimmt sein. »Das Auto herausholen«, wiederholte sie in einem Tonfall, der nicht mehr ganz so kläglich war wie zuvor. »Immer vorausgesetzt, der Laster lässt mich. Haben Sie eine Vorstellung, wie lange er bleiben wird?«

Der Laster ruckte ein Stück vor und steckte erneut fest. Was für eine Freude! Es war ein Kohlenlaster, und zwar der von Mrs H.s Kohlenhändler.

»Das kann ich wirklich nicht sagen, Mrs Heckmondwyke. Wie lange braucht Ihr Kohlenhändler denn normalerweise, um um die Ecke zu kommen?«

Sie bedachte mich mit einem gequälten Lächeln und schüttelte den Kopf. Ein hastiger Rückzug in demütige Resignation war offensichtlich die einzige Antwort auf diese Frage. Aber sie konnte sich einfach noch nicht losreißen. Ihre Neugier war zu groß. Sie blickte zur Garage. »Noch eine kleine Kuppel?«, erkundigte sie sich mit heroischem Bemühen um Humorigkeit.

Ich verneinte.

»Nicht einmal eine klitzekleine? Darf ich mich vergewissern?«

Bevor ich sie daran hindern konnte, war sie in die Garage gestapft, öffnete die Tür und stand im Geräteschuppen.

Ein Ausdruck tiefer Besorgnis erschien auf ihrem Gesicht.

»Ach du meine Güte!«, rief sie mit Blick auf das Glasdach. »Halten Sie das für klug?«

»Inwiefern?«

»Eine so große Glasscheibe flach auf dem Dach liegen zu haben? Falls jemand im Dunkeln darauf treten sollte ...«

»Sollte jemand nach Einbruch der Dunkelheit auf dem Garagendach herumspazieren, kann es sich eigentlich nur um einen Einbrecher handeln«, erwiderte ich mit einem Anflug von Schärfe. »Was die allgemeine Sicherheit der Nachbarn angeht, halte ich das Dach durchaus für sicher.«

Ein falsches Lächeln beiderseits beendete diesen Teil des Schlagabtauschs.

»Und was wollen Sie auf diesen hübschen kleinen Regalen unterbringen?«, erkundigte sich Mrs H. »Selbstverständlich keine Pflanzen. Bei dieser Dunkelheit wird *nichts* auf ihnen *wachsen*.«

In Erwartung einer Antwort sah sie mich an. Es kam keine. Sie hatte mich, und das wusste sie genau. Es war sinnlos, Mrs H. in gärtnerischen Dingen etwas vormachen zu wollen. Dafür war sie viel zu gut.

Sie beschloss, die Tortur zu verlängern.

»Pilze gingen eventuell«, fuhr sie leichthin fort. »Oder hatten Sie vielleicht vor, den Raum in ein Aquarium zu verwandeln und die ganze Straße zu fluten?«

Mir fiel immer noch keine Antwort ein. Es war zum Auswachsen. Da stand sie und freute sich diebisch, dass viel Geld ausgegeben worden war, um einen Ort zu schaffen, der absolut nutzlos war. Und ich konnte nichts dagegen sagen.

»Wasserkresse?«, sagte sie wie zu sich selbst.

Und schüttelte den Kopf. »Vielleicht die ein oder andere Aspidistra? Moos?« Sie hielt inne.

Moos? Plötzlich regte sich etwas in meinem Hinterkopf.

»*Feucht* genug für Moos wäre es jedenfalls«, ließ sie nicht locker.

Oh, Mrs H., wie bedauerlich, dass Sie das Wort »Moos« je in den Mund nahmen. Bedauerlich für Sie, nicht für mich. Denn Ihre sarkastischen Bemerkungen über Dunkelheit und Moos und Feuchtigkeit riefen in meiner Erinnerung ein Echo wach, ein Echo, das mich weit zurückführte, zu einem Wasserfall an einem Fluss in Dartmoor, wo ich als Junge oft über die Felsen geklettert war, um Farne zu suchen. Es mag vielleicht eine nur schwache Verbindung zwischen dem dunklen Londoner Geräteschuppen und jenen grünen, luftigen Gefilden geben, aber für mich war sie stark genug.

»Farne«, sagte ich, ohne an Mrs H. zu denken. Es gab dort einen wunderschönen Wust von … von was nochmal? Wie lautete der Name? Ich hatte ihn gekannt. Dicht an einem Wassertümpel, der im Schatten schwarz war und im Licht golden schimmerte. *Asplenium* … ich zermarterte mir das Hirn. *Asplenium fontanum*. So lautete der Name.

»Was haben Sie gesagt?«

Anscheinend hatte ich laut gedacht. Die Stimme von Mrs H. rief mich in die Realität zurück.

»*Asplenium fontanum*«, sagte ich. Und während ich es sagte, fiel eine große Entscheidung. »Eine gewöhnlichere Art der Farne, die ich hier ziehen werde.«

»Oh!« Mrs H.'s Gesicht wurde lang und länger. Sie betrachtete die Regale, das Dach, die Tür. »Das hier«, sagte sie, »soll also ein Farnhaus werden?«

Das war der Anfang.

Kapitel x

Rhapsodie in Grün

Letztlich war es also eine zerbrochene Glasscheibe, die mich auf einen Pfad zwang, der zu einer ganzen Reihe unvorhergesehener Abenteuer führen sollte.

»Zwang« ist vielleicht ein zu starker Ausdruck. Auch ohne die Einmischung von Mrs H. wäre ich möglicherweise früher oder später auf Farne gekommen, aus dem einfachen Grund, dass es nichts anderes gab, worauf man kommen konnte. Aber ich hätte mich nicht mit derartiger Intensität darauf gestürzt. Denn um die Wahrheit zu sagen – aber das muss bitte unter uns bleiben –, hielt ich Farne für eher langweilig. Ich war nur ein einziges Mal im Farnhaus in Kew gewesen und ein paar Minuten später wieder gegangen, weil ich fand, es lohne sich nicht, das Risiko einer doppelseitigen Lungenentzündung einzugehen, bloß um mir eine Menge grüner Blätter anzugucken, die sich alle verdammt ähnlich sahen. Natürlich war ich mit den gewöhnlicheren Frauenhaarfarnen und Tüpfelfarnen vertraut, aber ich kann nicht sagen, dass sie mich zu Begeisterungsstürmen hinrissen.

Sie sicherlich auch nicht, würde ich einmal vermuten. Wieso sollte man sich bei so vielen wundervollen Blütenpflanzen, die es auf der Welt gibt, mit ein paar Blättern zufriedengeben? Wenn man alle Farben des Regenbogens haben kann, wieso sich dann auf Grün beschränken? Wenn es so viele exquisite Düfte gibt, wieso sich mit etwas so Unauffälligem und Eintönigem wie dem Geruch eines Farns begnügen? Genau, wieso? Ich hätte genickt, hätte jemand mir diese Fragen vor zwei Jahren gestellt. Und weil mir inzwischen klar ist, was mir durch diese Einstellung alles entging, möchte ich, dass es Ihnen auch klar wird. Bitte vergessen Sie alles, was Sie je über Farne wussten und glauben Sie mir, dass dies ein neues Kapitel in ihrem gärtnerischen Leben sein könnte, ein Kapitel, das weder monoton noch langweilig sein wird, sondern voller Farben, Aufregungen, Düfte, und voll von einer unendlichen Komplexität an Mustern.

*

Fangen wir, eher aus Verpflichtung denn aus Neigung, mit dem Anfang an. Ich habe im Prinzip nichts dagegen, mich auf Farne einzulassen – (so wie ich nichts dagegen habe, mich auf egal welches Grün einzulassen, mit Ausnahme Japanischer Aukuben und Chilenischer Araukarien) –, aber wenn Mrs H. nicht gewesen wäre, wäre es nie dazu gekommen. Sie hat mich dazu gezwungen. Ich hatte ihr gegenüber verkündet, dass es ein Farnhaus geben würde, und da ich ziemlich sicher war, dass es ihr früher oder später gelingen würde, sich Einlass zu verschaffen, musste ich dafür sorgen, dass es mit Farnen gefüllt wurde.

Natürlich geht man in so einem Fall gleich hin und kauft sich ein Buch. Jedenfalls machte ich es so. Diesem Buch verdanke ich den ersten Kick, die erste Ahnung, dass hier vielleicht Aufregungen zu finden waren, die ich nicht vermutet hatte.

Das Buch hieß *Farne für Anfänger*. Ich schlug es mit einem Gähnen auf. Auf der zweiten Seite war es mit dem Gähnen vorbei. Denn am Ende eines mehr als prosaischen Abschnitts stand folgender entzückende Satz:

»Der nach Veilchen duftende *Nephrodium fragrans* ist inzwischen in den Bergen Japans weit verbreitet.«

Ich ließ mir diesen Satz auf der Zunge zergehen. Er war voller Musik. *Nephrodium fragrans* war ein

Begriff, der sich wie ein Flötentriller durch eine Ode von Keats ziehen könnte. Ein nach Veilchen duftender Farn war etwas so Phantastisches, dass man sich an ein Gedicht von Edgar Allan Poe erinnert fühlte. Und die plötzliche Verbindung dieser wundersamen, unglaublichen Schöpfung mit den fernen Bergen Japans versetzte das Ganze in die Welt eines Coleridge.

Ich strich mir diesen Satz an. Irgendwie würde ich mit einem nach Veilchen duftenden Farn aufwarten, und wenn ich seine Wurzeln in Parfüm tauchen musste. Wie Sie sehen, dachte ich immer noch hauptsächlich an Mrs H.

Aber Mrs H. geriet sehr schnell in Vergessenheit. Denn der nächste Absatz, der angestrichen wurde, trug die Überschrift »Gold- und Silberfarne.«

Hier gab es keine magischen Sätze. Nur die gewöhnliche Gartenbuch-Prosa. Ich las:

»Das goldene oder silberne Erscheinungsbild, das für den umgangssprachlichen Namen dieser Farne verantwortlich ist, entsteht auf verschiedene Weisen. Für gewöhnlich lässt es sich auf die Absonderung einer pudrigen Substanz zurückführen, die die Unterseite der Wedel gleichmäßig überzieht. Manchmal …«

Ich las nicht weiter. Es spielte keine Rolle, welcher seltsamen Kapriole der Natur das Gold oder das Silber zu verdanken war. Es reichte, dass Magie im Spiel war. Und zwar eine Magie, die erforscht werden musste.

Je tiefer ich in dieses Buch eintauchte, desto faszinierender wurden die Enthüllungen, die es enthielt. Es verkündete zum Beispiel: »Bei den Farnen lässt sich ein Reichtum an Farben finden, der sich selbst mit der Blütenvielfalt der Westindischen Inseln vergleichen lassen kann.« Diese Aussage hat sich im Licht späterer Erfahrungen als irreführend erwiesen. Die Farben von Farnen können in keiner Hinsicht mit denen von Blüten verglichen werden, seien sie westindischer oder sonstiger Herkunft. Sowohl die Blüten als auch die Farne leiden bei diesem Vergleich. Sagen wir einfach, dass das Farbspektrum von Farnen breit gefächert und voller zarter Nuancierungen ist, und belassen es dabei.

Als Nächstes hielt ich es für eine gute Idee, das Farnhaus in Kew noch einmal zu besuchen und herauszufinden, welche Temperatur für welche Art von Farn erforderlich war. Und ehrlich gesagt natürlich auch um zu sehen, was für Arten von Farnen es überhaupt gab.

Normalerweise gehe ich in Kew immer als Erstes in den Buchenwald. Dieses Mal bog ich vorher links ab und stand eine Minute später vor dem Haus für halbtropische Farne. Als ich die Tür öffnete und das feuchte, warme Innere betrat, dachte ich, es könne auf der Welt keinen anderen so wohlduftenden, grünen und friedlichen Ort geben. Kein einziger Besucher hielt sich in dem großen Haus auf – nur ein Gärtner mit einer Gießkanne in einer hinteren Ecke. Die Massen fühlen sich nicht von Farnen angezogen. Sie bevorzugen leuchtende, grelle Dinge. Auf fünfzig Personen, die sich die Orchideen ansehen, kommt nur eine, die auch zu den Farnen geht.

Einer meiner Schnürsenkel hatte sich gelöst. Hätte er es nicht getan, wären diese Worte vielleicht nie geschrieben worden. Denn ich stand genau vor einer *gymnogramme sulphurea*, und als ich mich bückte, um den Schnürsenkel wieder zuzubinden, sah ich zufällig nach oben. Und die Unterseite dieses Farns war dick mit Gold überzogen, mit reinem Gold, das im Sonnenlicht schimmerte.

Vielleicht klingt es albern, zu sagen, dass es das Wundervollste war, was ich je gesehen hatte, seit ich das Leben mit den Augen eines Gärtners betrachte.

Es gibt so vieles, worüber man das sagen könnte – über den allerersten Strauß einer Rose namens »Night« (mit Blütenblättern aus schwarzem Samt, auf dem Blut verschüttet wurde); über das erste Feld voller Russell-Lupinen im Sonnenschein, so fröhlich wie ein Karnevalsumzug; über den ersten Spaziergang durch einen Zitronenhain unter einem südlichen Mond. Oh! ... man könnte ewig damit weitermachen! Aber keine andere einzelne Pflanze oder Blume, gewiss keine Orchidee, nicht einmal ein blühender Birnenzweig oder eine Fliederdolde, hat mich ehrfürchtiger über die Genialität der Natur staunen lassen als dieser goldene Farn.

Ich kniete mich davor. Je näher ich mich zu ihm beugte, desto wundervoller schien mir der Farn. Es gab nichts Halbherziges oder Knauseriges an dem Goldstaub, mit dem er so reichlich überzogen war. Und es war nicht einfach nur ein gelbes Pulver. Es hatte keine Ähnlichkeit mit dem ockerfarbenen Puder, mit dem die Lilie sich schmückt. Außerdem war das Gold nicht etwa einfach nur einmal hierhin, einmal dahin getüpfelt – es überzog jede Ausbuchtung und jede Ritze und Furche jedes Wedels.

Die winzigen neuen Triebe, die unten hervorsprossen, leuchteten, falls möglich, sogar noch heller. Da sie sich noch nicht geöffnet hatten und es nichts Grünes an ihnen gab, sahen sie aus wie zarte goldene Ornamente, die zierlich rund um die Mutterpflanze verteilt worden waren.

Es war ein Meisterwerk, vor dem Benvenuto Cellini in Staunen erstarrt wäre.

Und gleich daneben befand sich die nächste Aufregung – ein silberner Farn! Ebenso dick mit dem Metall des Mondes überzogen wie der goldene mit dem der Sonne. Wäre mir in diesem Moment nicht bewusst gewesen, wie vergeblich alle Vergleiche sind, hätte ich vielleicht gesagt, dass der silberne Farn noch schöner war als der goldene. Denn mit seinem magischen Staub schien er geradezu zu leuchten. Und wieder gab es keine Halbherzigkeit und keine Knauserigkeit. Es war reines Silber. Kein Weiß oder Grau, überhaupt nicht so wie das Blatt einer *centaurea* beispielsweise. Silber, rein und glitzernd, frisch gestempelt aus der unerschöpflichen Prägepresse der Natur.

*

Als ich Kew verließ, war ich derart von den Farnen hingerissen, dass ich, noch bevor ich zu Hause ankam, eine große Entscheidung fällte: Das Gewächshaus mit der Kuppel würde ihnen ganz und gar übereignet werden. Es war völlig unmöglich, so wundervolle Geschöpfe wie die goldenen und silbernen Farne in einen umgebauten Geräteschuppen zu stecken; es wäre, als brächte man eine Prinzessin in einer Abstellkammer unter. Außerdem würden diese Farne eine gewisse Wärme brauchen, und es gab keine geeignete Möglichkeit, den Geräteschuppen zu heizen.

Es *war* eine große Entscheidung. Sie bedeutete unter anderem, dass ich auf meine Bougainvillea verzichten musste. Tatsächlich? Ja, ich fürchte, das bedeutete es. Aber wundervolle andere Dinge würden mich darüber hinwegtrösten. Beispielsweise konnte nichts entzückender sein als die Kletterfarne in Kew. Sie würden den Platz der Bougainvillea einnehmen. Der Name von einem, den ich mir notiert hatte, lautete *Lygodium palmatum*, und er hatte unten seltsame, palmenförmige Blätter und weiter oben ganz, ganz zarte Wedel, wie blassgrüne Federn. Es würde schmerzlich sein, auf die Bougainvillea zu verzichten, aber ihre leuchtenden Blüten stünden in einem zu harten Kontrast zu den weicheren, subtileren Nuancen der Farne.

Und schließlich war es ja nicht so, dass ich mir Farben an sich versagen würde. Ich hatte durch ihre Farbenvielfalt gelernt, die Farne zu lieben.

Und obwohl ich damit vorgreife, sollen Sie hier und jetzt erfahren, dass Sie eine der wundervollsten Erfahrungen ihres Lebens machen werden, wenn Sie in Ihre ersten *Adianta* investieren, beispielsweise *Adiantum elegans, cuneatum, Weigandii* oder *chilense*. Es handelt sich um Miniatursorten des gewöhnlichen Frauenhaars (um es sehr grob auszudrücken), aber sie besitzen unzählige liebenswerte Eigenarten, und manche von ihnen sind auf der Unterseite so dick mit winzigen Sporen bestickt, dass sie durch ein Vergrößerungsglas aussehen wie der aufwendigste Seidenbrokat, der je den Hof von Louis XVI. zierte. Aber das Aufregende an ihnen ist nicht die Feinheit der Handwerkskunst, die sie geschaffen hat. Nein. Das wirklich Aufregende ist die Farbe, die sie im Herbst annehmen. Denn hier haben Sie auf einer Miniaturskala alle Schönheit eines herbstlichen Waldes – das Scharlachrot und das Braun, das Karmesinrot, das Beige, und die geisterhaften Gelbtöne.

Es ist, als würde man im Geist in die Fußstapfen Gullivers auf seiner Reise nach Liliput treten. Ich besitze insgesamt achtzehn dieser Farne, und auf dem Regal nehmen sie höchstens einen guten Meter Platz ein. An einem Oktobermorgen, wenn die Morgensonne durch die Scheibe fällt (sie mögen die Morgensonne im Herbst), kann ich ins Gewächshaus gehen, die Tür schließen, zu dem kleinen Regal hochblicken und mich auf der Stelle in Gulliver verwandeln. Dann gibt es keine Reihe von Farnen mehr, sondern einen großen Wald, mit mächtigen Ästen, durch die das Sonnenlicht in hundert leuchtenden Schattierungen sickert. Denn die Blätter verfärben sich – die großen grünen Flächen lodern in flammendem Gold und Rot. Eine ganze Stunde kann man so umherwandern, durch den Wald, der nur einen guten Meter groß ist, und Bäume besteigen, deren Stämme man mit einer Nagelschere abknipsen könnte.

Es wäre nicht sehr tunlich, sich hier ausführlicher über die Farne auszulassen, da das alles selbst für den begeistertsten Gärtner ziemlich technisch ist. Deshalb nur ein paar wichtige Hinweise.

Zunächst einmal dürfen Sie sich durch meine Begeisterung nicht dazu verleiten lassen, in eine Unmenge von Farnen zu investieren, es sei denn, Sie gehören zu den Menschen, die ihre Pflanzen leidenschaftlich gern gießen (oder in deren Haushalt es eine Person mit sanften Händen gibt, die das ganze Jahr hindurch zweimal täglich mindestens zwanzig Minuten lang von ihren sonstigen Aufgaben freigestellt werden kann.) Ich persönlich gieße für mein Leben gern. Es hat etwas so Freigiebiges, wie ein Gott über all diesem bebenden, zitternden Grün zu stehen, Ströme lebenspendender Flüssigkeit auszuteilen, das stete Tröpfeln des Wassers zu hören, die Dankbarkeit der Empfänger zu sehen – was könnte wundervoller sein? Es gibt einem Kraft für den ganzen Tag. Falls Sie das nicht nachempfinden können, müssen Sie sich eben weiter in ihrer eigenen Schäbigkeit suhlen, ganz allein.

Das Nächste ist das Farnhaus selbst. Es ist an dieser Stelle sehr schwer, nicht in den Jargon von Gartenbüchern zu verfallen (was für manche Leute, nach all dieser Schwärmerei, eine Erleichterung sein mag).

Dreierlei ist zu beachten. Das Erste ist sehr erfreulich und ermutigend, nämlich dass Sie nicht sehr viel Licht brauchen. Mein eigenes Gewächshaus ist trotz der dicken Glaskuppel und trotz der Tatsache, dass es nur ein Fenster gibt, im Grunde genommen zu hell und muss im Sommer abgedunkelt werden. Es bedeutet jedenfalls, dass Sie Ihr Farnhaus an den unwahrscheinlichsten Stellen einrichten können, in einem finsteren Hinterhof, auf einem Leuchtturm, in einer Werft, sogar im Schatten einer Maklerfirma in der Wall Street, womit Sie eine viel bessere Investition getätigt hätten als Sie es sonst in dieser abstoßenden Straße tun könnten.

Zweitens *müssen* Sie das Farnhaus angemessen beheizen können, auch wenn Sie denken, Sie können sich auf Farne beschränken, die wenig oder keine Wärme brauchen. Es gibt viele von ihnen, und sie sind sehr schön. Aber da die Liebe zu Farnen in gewisser Weise eine ist, an die man sich erst gewöhnen muss (auch wenn die Gewöhnung unglaublich leichtfällt), ist es ein wenig riskant, sich auf die gewöhnlicheren Sorten zu beschränken. Sie könnten sich – sagen wir es offen – mit ihnen langweilen.

Drittens sollten Sie von Anfang an einplanen, Ihre Farne auch in Beeten, aus Wänden und in Nischen wachsen zu lassen, nicht nur in Töpfen. Sie sollen das Gefühl haben, dass das ganze *Haus* lebt, dass es ein wundervolles grünes Nest ist und selbst die Wände fruchtbar sind. Der Unterschied zwischen einer Pflanze in einem Topf und einer Pflanze in einem Beet ist wie der Unterschied zwischen einem Mann in einem Hotel und einem in seinem eigenen Zuhause.

Es gibt viele Möglichkeiten, die Beschränkung auf Töpfe zu umgehen. Sie können unter den Regalen an den Wänden entlang Beete anlegen. Sie müssen nur etwa zehn Zentimeter tief sein, und solange keine Staunässe entstehen kann, werden die Farne in ihnen bis an die Decke klettern, während andere sich auf dem Boden ausbreiten und über die Ränder kriechen und sich ganz allgemein auf die bezauberndste Art verhalten werden.

Es gibt noch andere Möglichkeiten, Töpfe zu umgehen. Mein eigenes Gewächshaus hat eine so eigenartige Form, dass ich in dieser Hinsicht vielleicht im Vorteil bin. Es gibt so viele Ecken, die man einfach abtrennen und bepflanzen kann, so viele seltsame Nischen und vorragende Erker, mit denen man sich amüsieren kann. Und rund um das Dach gibt es eine kleine Rinne, die mit *Selaginella uncinata* bepflanzt ist. Sie hängen in bezaubernden Girlanden herunter und geben einem das Gefühl, in einem Dschungel zu sein.

Natürlich werden die meisten Ihrer Farne in Töpfen wachsen müssen, aber solange Sie auch die andere Variante haben, spielt das keine so große Rolle. Und was immer sonst Sie sich zulegen mögen, es gibt drei Dinge, auf die ich bestehen *muss*. Das eine ist die bereits erwähnte *Selaginella uncinata*. Ob Sie es glauben oder nicht, sie ist blau. Also gut, wenn Sie so nervtötend penibel sein wollen, blau *und* grün, aber die blauen Stellen sind so blau wie Türkis. Sie liebt es, aus dem Topf geholt und in eine Art Nische gestellt zu werden, denn sie ist eine bezaubernde, rankende Kreatur, die sehr unbestimmt aussieht und sich anscheinend nicht entscheiden kann, wo sie hin will. Aber da sie so bezaubernd ist, stört das kein bisschen, und ich lasse sie einfach machen, was sie sich in den süßen Kopf setzt.

Das nächste Muss ist *Selaginella braunii*. Sie sieht überhaupt nicht aus wie ein Farn (viele Farne tun das nicht). Sie sieht aus wie das wundervollste Moos, das Sie je gesehen haben, die Art Moos, die Sie auf dem Stamm eines umgestürzten Baums finden, am Ufer eines Flusses, im November. Wenn Sie sich gleich mehrere Pflanzen zulegen, können Sie sie nebeneinander setzen, so dass sie sich vereinen können. Sie brauchen enorm viel Wasser. Und wenn Sie sie gießen, und zufällig in Gulliver-Stimmung sind, können Sie so tun, als seien Sie mitten unter ihnen, in einem tückischen Sumpf, und ein paar beängstigende Minuten erleben, bevor Sie sich hervorgekämpft haben.

Das letzte Muss ist *Platycerium alicorne*. Ich

könnte eine lange botanische Abhandlung darüber schreiben, warum diese Pflanze ein Farn ist, aber die Abhandlung würde Sie ebenso langweilen wie mich, und außerdem würden Sie sie sowieso nicht glauben. Denn *Platycerium alicorne* sieht noch weniger wie ein Farn aus als *Selaginella braunii*. Vielmehr sieht sie aus wie die Hüte, die Mitglieder der königlichen Familie zur Zeit von Edward VII. trugen. Wenn Sie sie als Gruppe zusammenstellen und von hinten fotografieren, könnten Sie das Foto »Hinter der königlichen Loge in Ascott, 1911« nennen. Aber abgesehen davon, dass sie so komisch sind – und ich wüsste nicht, wieso die Natur nicht auch einmal komisch sein dürfte –, sind sie auch bewundernswert wohlerzogen. Wenn man sie umpflanzt, kann man sie dazu bringen, sich wie Blutegel an ein Stück Kork zu klammern. Man kann sie überall verteilen, und sie erwecken den Eindruck von großem Luxus und großer Neugier. Tatsächlich habe ich sie, glaube ich, ziemlich beleidigt, als ich sie komisch nannte. Richtig arrangiert, würde man sagen, dass es große Motten sind, die hoch oben in einer schützenden Umgebung aus Grün schlafen.

Was wollte ich Ihnen noch über Farne erzählen? Ach ja. Wie Sie am besten anfangen.

Ich persönlich bin der Überzeugung, dass Sie die Kutsche vor das Pferd spannen und sich diverse Pflanzen kaufen müssen, *bevor* Sie etwas darüber wissen. Ihre Sammlung kann so winzig sein, wie Sie wollen, oder so groß, wie Ihr Geldbeutel es zulässt, aber solange die Farne nicht tatsächlich da sind, vor Ihren Augen, und Bewunderung verlangen, werden Sie nur mit einer Menge Bücher herumtändeln und sich fragen, was Sie sich zulegen sollen und wieso und wie. Sie könnten viele Jahre damit verbringen, die unzähligen Varianten einer einzigen Farnfamilie zu studieren, und dafür ist das Leben zu kurz.

Aber Sie *müssen* ein bisschen Arbeit für sie aufwenden. Sie dürfen sich nicht mit der Vorstellung belügen, dass es so einfach sein wird wie beispielsweise den Unterschied zwischen einer *Etoile de Hollande* und einer *Lord Kitchener* zu kennen, zwischen einer *Ophelia* und einer *Frau Karl Druschki*. Es ist kein Kinderkram. Sie müssen die wichtigsten Klassen kennen, und Sie müssen die wichtigsten Namen dieser Klassen lernen. Und die sind, offen gestanden, entsetzlich. Amerikaner, die wahre Genies sind, wenn es um Namen geht, und mit verbissener Akkuratesse die exotischsten Benennungen von Menschen wiederholen können, und es auch tun, die ihnen auf der lautesten Party aller Zeiten kurz vorgestellt wurden, finden das vielleicht nicht so schwer. Aber die Briten, die sich mit Absicht taub stellen, wenn ihnen jemand vorgestellt wird, werden so entmutigt sein, dass sie zu dem Schluss kommen könnten, das Ganze als zu kompliziert aufzugeben.

Tun Sie es nicht. Sie würden es bereuen. Lernen Sie die Namen, damit Sie sich an der unendlichen Vielfalt der Farne erfreuen und nebenbei in den Herzen Ihrer liebsten Freunde beträchtliche Irritationen ob Ihrer unglaublichen Kenntnisse auslösen können.

Kapitel XI
Triumph für Liliput

Während des ganzen Winters hielt ich mich so viel im Farnhaus auf, dass ich das allmählich heller werdende Licht, das erste zarte Überhauchen der Bäume und das zunehmende Crescendo der Vögel, Anzeichen des kommenden Frühlings, kaum bemerkte. Es gab im Schutz der Glaswände so viel zu lernen, so viel zu tun. Kleine Ballettaufführungen mussten arrangiert werden, bei denen zehn grüne Fächer in Reih und Glied flatterten. Miniaturwasserfälle mussten ersonnen werden, deren Gesprüh die Farbe von Jade hatte und die lautlos und zart auf Felsen aus Kork rieselten. Winzige Kriege mussten ausgefochten werden, in denen Farne mit Kronen aus Silber gegen Farne aufmarschierten, die Federn aus Gold trugen und in denen es immer um die Schönheit ging.

Doch eines Tages trat ich in den Sonnenschein hinaus, rieb mir die Augen und stellte fest, dass Frühling war. Und das Dreieck war zu einem Garten erblüht.

Ich werde jenen April nie vergessen. Der Winter hatte so arbeitsreich begonnen, dass Blumen, Sträucher und Zwiebeln in wahnwitziger Hetze gepflanzt worden waren, viele von ihnen viel zu spät. Noch am ersten Weihnachtstag hatte ich Traubenhyazinthen eingegraben. Sie kamen schon zum Vorschein, und ich hatte ein furchtbar schlechtes Gewissen, weil ich sie so behandelt hatte, denn Traubenhyazinthen sollten (egal, was die Zwiebelhändler sagen) in der ersten Septemberwoche gepflanzt werden. Trotzdem lugten sie jetzt aus der Erde hervor. Sie sahen ein bisschen erschöpft und blass aus, aber sie ließen mich nicht im Stich.

Im Rückblick ist es erstaunlich, wie viele meiner Experimente von Erfolg gekrönt waren. Wahrscheinlich haben Sie der Kapitelüberschrift schon entnommen, dass die meisten dieser Experimente auf der eher winzigen Skala angesiedelt waren. Die Triumphe waren liliputanisch. Aber wir haben uns so oft in Erinnerung gerufen, dass jeder Stadtgärtner im Grunde seines Herzens ein Gulliver ist, dass es Sie vielleicht nicht stört, davon zu hören.

Ich liebe Osterglocken. Es ist für mich mit das Schönste, die ersten Osterglocken des Jahres im Wind tänzeln zu sehen, und falls ich je blind werden sollte und mir aussuchen dürfte, was ich vorher noch einmal sehen kann, würde ich eine Wiese voller Osterglocken wählen, die sich im Aprilwind wiegen.

Im Garten in Heathstead konnte ich mir diesen Wunsch nach Osterglocken und nichts als Osterglocken natürlich nicht erfüllen. Es hätte bedeutet, hier, da und überall nichts anderes zu pflanzen. Die kleinen Grüppchen der Traubenhyazinthen hätten verschwinden müssen, die Schneeglöckchen und die *narcissi poeticus* (die in London immer weißer wirken als überall sonst).

Trotzdem sehnte ich mich nach der Illusion eines richtigen Osterglockengestöbers. Und wie fast immer, wenn ich mir etwas wünsche, bekam ich es am Ende. Einfach indem ich eines Tages in einem Anfall von Wahnsinn riesige Mengen *Narcissus cyclamineus* bestellte.

Ehe Sie jetzt protestieren, dass das für den normalen Gärtner viel zu teuer ist, dass Sie einen neuen Hut brauchen, dass die Mieten nächstes Jahr garantiert steigen werden, hören Sie sich an, was passiert, wenn Sie in diese bezaubernde Blume investieren.

Zunächst einmal trudelt eine Tüte Erdnüsse bei Ihnen ein. Zumindest sehen die Dinger so aus –

wie kleine, ziemlich mickrige Erdnüsse. Nachdem Sie sie gezählt haben, weil Sie vierhundert bestellt haben und nicht glauben können, dass eine derart kleine Tüte tatsächlich vierhundert Stück enthalten soll, legen Sie sie sorgsam in eine Schublade und gehen nach draußen, um zu sehen, wo Sie sie hinpflanzen können.

Ideal wäre natürlich eine Stelle unter einem sehr kleinen Baum. Wenn Sie keinen solchen Baum haben (und ich hatte keinen), müssen Sie Ihren Einfallsreichtum spielen lassen.

Meine wurden in drei oder vier sehr sorgfältig arrangierten Gruppen am Fuß der beiden Mauern gepflanzt, die den geheimen Garten verbargen. Und zwar aus drei Gründen.

Erstens, weil man sie dort nicht nur vom Haus aus, sondern auch von jedem anderen Teil des Gartens sehen konnte.

Zweitens, weil es, wenn man sehr kunstvoll vorging, möglich war, den Eindruck zu erwecken, sie seien nur der Anfang eines ganzen Feldes, das sich hinter der Mauer ins Endlose fortsetzte.

Drittens, weil der Boden dort sehr gut und sehr durchlässig war. Die Zwiebeln hatten ein Vermögen gekostet, und wenn man derart viel Geld ausgibt, möchte man natürlich, dass es sich um eine langfristige Investition handelt, die einem Jahr für Jahr goldene Dividenden einbringt.

Es gibt zwei Möglichkeiten, die Zwiebeln zu pflanzen. Die eine besteht darin, einen alten Bleistift oder Bratspieß oder etwas ähnliches zu nehmen, ihn etwa drei Zentimeter tief in den Boden zu bohren, eine Zwiebel in das Loch zu stecken und es wieder zuzumachen. Diese Methode ist nicht empfehlenswert. Wenn Sie den Bleistift etwa einhundertneunundsiebzig Mal in die Erde gebohrt haben, könnten Sie das ganze Unternehmen allmählich sterbenslangweilig finden. Außerdem vergessen Sie währenddessen garantiert, wo Sie einige der Zwiebeln hingesteckt haben und durchbohren sie mit Ihrem Bleistift, und schwupps ist ein Teil Ihrer Investition dahin.

Viel besser ist es, genau zu planen, wo Sie die Zwiebeln haben wollen, bis hin zum letzten kleinen Ausläufer, der sich bezaubernd vorwitzig aus dem Büschel hervorwagen soll, den Rasen entsprechend zu kennzeichnen, ein scharfes Messer zu holen und die oberste Schicht höchstens drei Zentimeter tief abzuheben, denn wenn Sie tiefer gingen, würden Sie die Zwiebeln auf Nimmerwiedersehen vergraben. Dann müssen Sie den Boden säubern, große Steine herausklauben und die Zwiebeln sehr dicht nebeneinander so anordnen, wie Sie sie haben wollen.

Es gibt nur wenig Beschäftigungen, die angenehmer sind, und von all meinen Experimenten in der Gulliver-Welt war dieses am erfolgreichsten. Von meinem Fenster aus sahen die Mini-Osterglocken aus, als hätte ein freundlicher Geist über Nacht zwei Haufen goldener Münzen ins Gras gekippt. Aber wenn Sie hingehen, sich ihnen nähern, sich vor sie knien und sich in Gulliver verwandeln – dann werden sie zu einem richtigen Osterglockenfeld. Und Sie vergessen den Rest der Welt, vergessen die Mauer, die gigantisch über Ihrem Kopf aufragt. Sie vergessen sie so vollständig, dass Sie, sollte plötzlich ein Kätzchen ins Bild gesprungen kommen, entsetzt zurückzucken würden, überzeugt davon, dass es sich um ein Rhinozerus handelt.

*

Das war der erste Triumph Gullivers.

Der nächste betrifft wieder einmal das Gesamtkonzept.

Das Dreieck gehörte zwar der Vergangenheit an, aber sein Geist spukte immer noch im Garten umher. Auch Sie hätten sich davon verfolgt gefühlt, hätten Sie monatelang erlebt, wie dieser spitze Scheitelpunkt sich in ihr Gehirn bohrt. Außerdem war das vermaledeite Ding zwar dahingeschlachtet, aber nur in der Theorie. Die Backsteineinfassung war in Ordnung, aber wie würde der Garten aussehen, wenn er mit Blumen gefüllt war? Würden sie das so mühsam erreichte Gleichgewicht nicht stören und aus der Balance bringen?

Sobald die meisten Frühlingsblumen zum Vorschein gekommen waren, zeigte sich, dass es tatsächlich möglich war, das Gleichgewicht zu stören. Nicht so stark, dass es einen zur Verzweiflung brachte, aber doch genug, um beunruhigend zu sein. Denn um das Auge nach links zu ziehen, hatte ich ein kühnes Büschel *narcissi poeticus* in die extreme linke Ecke gepflanzt, aber da sie nicht nur in tiefem Schatten standen, sondern auch in Erde, die nicht durchlässig genug war, waren einige von ihnen verfault. Was eine leuchtende weiße Masse sein sollte, war nur ein schwaches Geschlier. Und so heftete sich das unerträglich wandernde Auge auf die üppigeren Narzissen in der Mitte. Und der Geist des Dreiecks erhob sich aus seinem fernen Grab.

Es war eine Schlacht, die ausgetragen werden musste. Und sie musste mit mechanischen statt mit floralen Waffen ausgefochten werden, denn die kleine Ecke, zu der das Auge hingeführt werden musste, war zu dunkel und zu feucht, als dass man erwarten konnte, dass sie sehr beeindruckende Blüten hervorbrachte.

Also setzte ich mich aufs Neue hin und dachte darüber nach, wie sich das Auge nach links locken ließ. Ich ging alle Schritte durch, die wir bis jetzt unternommen hatten. Der Pfad war natürlich ein großer Fortschritt. Das Auge folgte ihm ganz natürlich bis zu seinem Ende ganz links der Terrasse. Die zentrale Mauer war unerlässlich, und jetzt, wo in der linken Ecke die Fliederbüsche standen, und die Kamelie oben über den Rand lugte, konnte das Auge nicht umhin, ihnen die gebührende Aufmerksamkeit zu zollen. Aber es fehlten immer noch ein oder zwei definitive Glanzlichter oder Farbtupfer, die das Auge anzogen. Die ganze Komposition verlangte danach. Doch wo sollten sie herkommen?

Um zu sehen, wo die Glanzlichter oder Farbtupfer für die Gesamtkomposition gebraucht wurden, stellte ich mehrere weiße Krüge auf die Mauern. Natürlich nahm Mrs H. das zum Anlass, an ihr Schlafzimmerfenster zu eilen und finster zu mir herüberzustarren. Was Sie hinter meinem Tun vermutete, kann ich nicht sagen. Normalerweise stellen die Leute nicht grundlos weiße Krüge auf ihre Mauern, bloß was konnte der Grund sein?

Kaum waren die Krüge aufgestellt, wusste ich genau, was gebraucht wurde – die weißen Tauben, die ich in einem Laden in der Nähe des Brompton Square gesehen hatte. Sie waren so bezaubernd gewesen, dass ich hineingegangen war und mich nach ihnen erkundigt hatte. Sie kamen aus Frankreich, waren von einer dicken Glasur überzogen und so teuer, dass ich, da ich keine wirkliche Verwendung für sie wusste, darauf verzichtet hatte. Aber jetzt bewiesen die weißen Krüge, dass die Tauben kein überflüssiger Luxus waren, sondern eine zwingend erforderliche Notwendigkeit. Ohne auch nur einen Moment zu zögern, setzte ich meinen Hut auf und raste zum Brompton Square, wobei ich betete, dass London keine plötzliche Vorliebe für weiße Tauben entwickelt hatte. Innerhalb einer Stunde war ich wieder zurück, die drei zwingend erforderlichen Notwendigkeiten unter dem Arm. Eine mit geschwellter Brust, eine mit gespreizten Schwanzfedern, und eine mit ausgebreiteten Flügeln.

Im Allgemeinen mag ich keinen Gartentinnef. In irgendeiner Vorkammer des Fegefeuers gibt es garantiert einen kargen, völlig ausgetrockneten Garten, in dem die Geister all der missgestalteten Kreaturen wohnen, die so viele Jahre lang so viele Gärten verunziert haben. In dieser seltsamen Vorhölle kann der Reisende dickliche Amorgestalten sehen, die mit bleiernen Füßen über Steinplatten torkeln, welche in den unsäglichsten Mustern verlegt wurden, während schaurige weibliche Gipsfiguren mit rissigen Lippen Wasser auf Vorbeigehende spucken. Glasierte Pelikane flappen durch die Luft und tun so, als seien sie dekorativ, obwohl sie genau wissen, dass sie in Wahrheit böse Geister sind.

Aber meine Tauben sind anders. Sie müssen zugeben, dass sie anders sind, wenn Sie das Frontispiz-Foto betrachten, auf dem sie ganz klein zu sehen sind. Es würde mich sehr beunruhigen, wenn Sie nicht Pro-Taube wären. Bislang gibt es nur eine Person im Anti-Tauben-Lager, und das ist Mrs H., und wenn Sie auch nur einen Funken Ehrgefühl besitzen, werden Sie gewiss nicht mit ihr in Verbindung gebracht werden wollen.

Jedenfalls ziehen die Tauben das Auge definitiv nach links. Wenn Sie auf die Terrasse treten, sind sie praktisch das Erste, was das Auge wahrnimmt, denn sie werden jede Woche gewaschen und sehen immer schön und glänzend aus. Das Auge ruht voller Wohlgefallen auf ihnen, und manchmal tut es sogar mehr. Es erfüllt sie mit Leben, riffelt ihre Federn, schickt sie im Geist auf zauberische Reisen, hoch über die Bäume hinweg, drei weiße Punkte vor dem Blau des Himmels, und das Sonnenlicht lässt ihre Schwingen aufblitzen …

*

Die Tauben waren ein Gulliver-Triumph. Aber falls sie Ihnen zu überkandidelt sind, werden Sie mit Erleichterung hören, dass der nächste Triumph von durchweg praktischer Art war. Sie können gern daran teilhaben, wenn Ihnen der Sinn danach steht.

Dafür müssen wir die Uhr sechs Monate vordrehen. An einem Tag im Oktober ging ich durch den Garten und fragte mich zum hundertsten Mal, wo ich noch etwas »hinquetschen« konnte. Das Etwas waren in diesem Fall drei Pfingstrosen, eine rosafarbene, eine rote und eine weiße. Sie waren im Juni auf die Bestell-Liste gesetzt worden, weil die Pfingstrosen im Haus nebenan eine wahre Pracht waren.

Ich wanderte umher und fragte mich, ob ich hier noch ein Stückchen Rasen abzwacken oder da mit einem Eckchen Grund herumspielen konnte, aber es war hoffnungslos. Der Rasen war, wie ich mir ständig selbst in Erinnerung rufen musste, sakrosankt. Ein Zentimeter weniger, und er wäre kein Rasen mehr, sondern nur noch ein Büschel Gras. Was also tun.

Ich setzte mich, kaute auf einem Grashalm herum und konzentrierte mich. Nach einer Weile zeigte sich eine Lösung. Wenn der Garten sich weiterentwickeln sollte, gab es nur eine Richtung, in der er das tun konnte, und zwar himmelwärts, auch wenn das vielleicht die Luftfahrtbehörden auf den Plan rufen würde.

Und dann fing ich an, Licht zu sehen. Denn ich saß genau vor einem Beet, das für die Pfingstrosen ideal gewesen wäre, wäre es nicht schon für den Goldlack im Frühling und die Löwenmäulchen im Sommer bestimmt gewesen. Aber dann fiel mir ein, dass diese beiden Pflanzen Mauern mögen und die Fähigkeit besitzen, selbst kargsten Bedingungen etwas abgewinnen zu können. Wieso also nicht die Mauer für diese Pflanzen benutzen und den Pfingstrosen das luxuriöse Beet ganz für sich überlassen.

Ganz so einfach war es dann doch nicht.

Aus mehreren Gründen bot es sich nicht an,

Blumen oben auf die Mauer zu pflanzen. Tatsächlich waren es siebzehn Gründe, einige schwarz, einige getigert, zwei rötlich. Es wäre geradezu barbarisch gemein gewesen, die Durchgangsstraße zu verbauen, die zu benutzen die Nachbarschaftskatzen sich herabließen – (obwohl ich in der Vergangenheit zu einem geringfügigen Maß versucht hatte, ihnen das auszureden). Und auch wenn es nicht gemein gewesen wäre, wäre es absurd gewesen. Denn es gibt nur wenig, was so faszinierend ist, so darauf angelegt, einem den Tag zu verschönern, wie der Anblick einer schlanken und eleganten Kreatur in Schwarz, die mit überirdischer Anmut über eine Mauer spaziert, kurz innehält, um nichts im Besonderen zu betrachten, jeder Muskel angespannt, um dann mit einer Grazie, die alle Balletttänzer in Verzweiflung stürzen müsste, in den nächsten Garten zu springen, arrogant, mühelos, als gebe es nur einen Grund dafür, nicht zu fliegen, nämlich den, dass Fliegen ein kleines bisschen vulgär ist.

Aber auch wenn der Respekt vor den geheiligten Wegerechten der Katzen den Versuch erlaubt hätte, wäre es schwierig gewesen, Blumen auf einer neuen Mauer anzusiedeln. Abgesehen davon, dass eine neue Mauer schnell splittert und unansehnlich aussieht, wenn sie gesplittert ist, scheint sie auch Chemikalien zu enthalten, die die meisten Blumen von Herzen verabscheuen. Und obwohl man vielleicht Glück hat und es schafft, etwas dazu zu bringen, in einer mit Erde gefüllten Ritze zu überleben, ist das Problem des Wasserablaufs fast unüberwindlich. Entweder läuft das Wasser zu gut ab und nimmt die halbe Erde mit, so dass die Pflanze verhungert, oder es läuft so gut wie gar nicht ab und die Wurzeln verfaulen in Staunässe.

Es braucht schon eine alte Mauer, angeknabbert von Tausenden von Regenfällen und Windstößen, angereichert von Tausenden von zufälligen Materienpartikeln aller Art, von Staub und fliegenden Blättern, um einer Pflanze die Zuflucht zu bieten, in der sie sich heimisch fühlen kann. Und selbst dann – wie riesig die Zahl der Samen gewesen sein muss, die mit dem Sommerwind hingeweht wurden, bevor einer davon einen Ruheplatz fand – Samen von schläfrigem Goldlack und von sonnengetränktem Mohn, Samen vom hohen Baldrian und vom winzigen Löwenmäulchen, die in den Ritzen der Steine wachsen.

Daher die Erfindung. Kleine Metallkästen, die hinter der Mauer befestigt wurden. Es ist so simpel, dass man es kaum eine Erfindung nennen kann, aber wahrscheinlich bekam das auch der Mann zu hören, der das Omelett erfand, und was täten wir bloß ohne es. Wenn Sie im Juni, wenn die Löwenmäulchen blühen, aus meinem Fenster schauen, würden Sie schwören, dass sie auf der Mauer wachsen. Erst wenn sie auf die andere Seite gehen, enthüllt sich Ihnen die grausige Wahrheit. Aber ganz so grausig ist sie nicht, und wenn die Clematis größer geworden ist (was nächstes Jahr der Fall sein sollte), werden Sie die Kästen gar nicht mehr sehen.

Wieder ein Triumph Liliputs. Und wenn Sie ein Liliputaner sind (und falls nicht, können Sie die Idee, ein Stadtgärtner zu werden, eigentlich gleich vergessen), werden Sie daraus genauso viel Freude ziehen, als hätten Sie ein Schloss mit endlos langen Mauern, die komplett von gigantischen Löwenmäulchen überwuchert sind.

Ich könnte ewig mit weiteren Experimenten im Liliput-Stil weitermachen. Mit einem winzigen Beet von der Größe eines Suppentellers, in dem fünf Stiefmütterchen wuchsen, die so üppig wucherten, dass sie auf drei reduziert werden mussten. Mit einem winzigen Stück Rasen, das so schwierig zu mähen ist, dass man es feierlich mit einer Nagelschere trimmen muss.

Das ganze Frühjahr und der ganze Sommer waren vergleichsweise ruhig. Sicher, es gab viel Hin- und Hergerenne mit Pflanzen, viel Aussäen von Samen und viele kleinere Übergriffe auf den Rasen, zehn Zentimeter hier, fünfzehn da. Aber erst im Herbst (d.h. zu Beginn des zweiten Jahres), nahmen die wirklichen Entwicklungen ihren Anfang.

Und plötzlich war der Garten fast doppelt so groß.

Nein, ich fange nicht an, wunderlich zu werden. Keine Feen tauchten mitten in der Nacht auf, fuchtelten mit Zauberstäben herum und brachten die Mauern dazu, sich nach außen zu schieben – gäbe es allerdings eine Agentur, wo man solche Wesen anheuern kann, würde ich sie mit dem größten Vergnügen sofort in Anspruch nehmen. Das Ergebnis sah vielleicht aus, als sei es durch Zauberhand entstanden, aber es hatte nichts mit Zauber zu tun. Die Ausweitung, die ich beschreiben will, war das Resultat harter Arbeit und angestrengter Überlegung.

Es fing am linken Rand der Terrasse an. Bislang haben wir uns dort noch nicht aufgehalten. Wir sind nur pflichtschuldig zur Mauer gegangen, nach rechts abgebogen und dann dem Gartenpfad gefolgt. Aber jetzt ist es Zeit stehenzubleiben, denn diese Ecke ist der Schauplatz unseres nächsten Vorstoßes.

Bedauerlicherweise wurde kein Foto von dieser Ecke gemacht, bevor sie umgestaltet wurde. Sie war so extrem trostlos. Die Gartenmauer reichte bis zum Rand des Hauses nebenan, und dann … nun, dann war da einfach nur ein viereckiger Bereich mit einem Holzzaun, der die Küchentür verdeckte. Mitten in diesem Bereich stand ein alter Ligusterstrauch, den zu kappen ich bisher nicht übers Herz gebracht hatte. Durch die Glastür des Esszimmers sah die Ecke besonders unerfreulich aus.

Aber was ließ sich damit machen? Nur eine Seite bekam ein klein wenig Sonne ab. Aus allen Richtungen tröpfelte es darauf herunter. Es war nur ein dunkles, feuchtes Loch; wenigstens schien es so. Selbst Rose und Kavalier, die grundsätzlich alles erkundeten, ließen sich nur selten hier blicken. Manchmal hasteten sie auf einer ihrer Inspektionstouren hinein, beschnupperten den Liguster kurz und abfällig und machten sich flugs wieder von dannen.

Dem Prinzip folgend, dass jede Veränderung andere nach sich zieht – ein Prinzip, das noch nie versagt und immer Ergebnisse erbracht hat –, kappte ich den Liguster.

Sobald er verschwunden war, wirkte der kleine Bereich, den er beansprucht hatte, weniger beengt und das Esszimmer weniger dunkel. Nachdem die Außenmauern weiß getüncht worden waren, war er fast sogar hell. Aber er war immer noch hässlich und ohne wirklichen Zweck – vergeudeter Raum. Das war mein eigentlicher Kummer, die Vergeudung, wo jeder andere Zentimter einem nützlichen Zweck diente.

An einem trüben Novembertag kam Héloise, eine alte Freundin, deren ewig positive Einstellung einem sehr auf die Nerven gehen kann, zum Essen. Sie hatte eine Erkältung, ich hatte Kopfschmerzen. Der Nebel in der Stadt war so dick gewesen, dass sie eine Dreiviertelstunde zu spät kam und das Essen völlig verbrutzelt war – aber ach, wie wunderbar Héloise alles fand.

Nach dem Essen äußerte sie den Wunsch, den Garten zu sehen (wobei sie die Hände miteinander verknotete und mit großen, begeisterten Augen auf nichts im Besonderen blickte.)

»Nein, Héloise, denk an deine Erkältung. Außerdem gibt es sowieso nichts zu sehen.«

»*Das*!«, rief sie. »Aus *deinem* Mund! Du weißt doch, dass es in einem Garten *immer* etwas zu sehen gibt.«

»Mag sein«, brummte ich. »Aber ich kenne ihn.«

»Aber ich nicht. Und ich will ihn gezeigt bekommen.«

Ich unterdrückte ein Stöhnen und half ihr in ihren Mantel, sehr zur Verärgerung von Kavalier, der es sich darauf gemütlich gemacht hatte. Wir gingen nach draußen. Alles sah unglaublich trostlos aus. Der Nebel kam von der Stadt herbeigetrieben, die Luft war ockerfarben. Aber Héloise fand es immer noch wundervoll.

»Diese Atmosphäre!«, hauchte sie. »Wenn ich doch nur malen könnte!« Sie trippelte zum Rand der Terrasse. »Die Bäume sehen aus wie Gespenster«, fuhr sie fort. »Und die kleine Kuppel – fast könnte man meinen, sie schwebt.« Sie machte die Augen schmal, im Geist dabei, die Szene zu malen. »Ein sehr, sehr blasses Gelb und ein sehr verwaschenes Mauve … das bräuchte man.«

»Wasser und Seife, das braucht man, wenn dieser Nebel anhält.«

Sie lachte klingend, drehte sich um und blickte in Richtung der vergeudeten Ecke.

»Furchtbar, nicht wahr?«, sagte ich.

»Furchtbar? Was?«

»Diese Ecke. Sie sieht nicht mehr ganz so

schlimm aus, seit sie weiß getüncht wurde, aber sie ist immer noch furchtbar genug. Es lässt sich einfach nichts damit anfangen. Ich habe mir schon den Kopf zerbrochen.«

»Ich sehe es nicht«, sagte Héloise.

»Du stehst genau davor«, sagte ich.

»Nein, *hier* sehe ich es nicht«, sprach Héloise im Tonfall heiterster Glückseligkeit und legte der Veranschaulichung halber einen Finger an die Schläfe.

»Vielleicht solltest du etwas mehr Wasser in deinen Whiskey tun, Héloise.«

Sie störte sich nicht an dieser Bemerkung, sondern zwitscherte: »Jetzt, jetzt sehe ich es. Aber natürlich. Eine Loggia!«

»Wo?«

»Genau da. Die Ecke wäre ideal. Ein kleines Dach, zwei kleine Mauern, eine kleine Säule. Den Innenraum könntest du in einem himmlischen italienischen Rosa streichen und im Morgenrock unter dem kleinen Bogen sitzen und meditieren.«

Es war für mich damals, und für Sie in diesem Augenblick sicher auch, eine absolut grässliche Vorstellung, sowohl für mich selbst, als auch für jeden, der zufällig vorbeikäme. Ich äußerte mich dementsprechend. Aber kein Argument konnte

Héloises Begeisterung dämpfen, und um das Thema endgültig abzuschließen, blieb mir nichts anderes übrig, als sie ins Kino einzuladen.

*

Aber das Thema war nicht abgeschlossen. So lächerlich es klingen mag, so wankelmütig, wie Sie mich vielleicht finden, ich bekam Héloises Vorschlag einfach nicht aus dem Kopf.

Wenn sie bloß nicht ›Loggia‹ gesagt hätte. Eine *Loggia* in Heathstead! Dieses Wort, in diesem Zusammenhang, zwang einen geradezu dazu, mit den Zähnen zu knirschen. Es erinnerte mich an Leute, die ihren Hinterhof als ›Patio‹ bezeichnen und Champagner ›Prickelwasser‹ nennen. Aber allmählich kam es mir ziemlich kindisch vor, mich einfach nur an einem Wort aufzuhalten. »Loggia« hin oder her, man könnte tatsächlich etwas Bezauberndes aus dieser Ecke machen. Eine Art Zimmer im Freien. Alles, was man brauchte, war eine Mauer an der Rückseite anstelle des Holzzauns, eine weitere Mauer, um das Haus nebenan zu verstecken, ein Ziegeldach, und schon hatte man es. Die Fassade, mit Blick auf die Terrasse, würde einen bogenförmigen Eingang und ein kleines Bogenfenster haben. Und obwohl es bedauerlich war, dass ausgerechnet Héloise den Vorschlag gemacht hatte, würde das Innere in jenem fröhlichen, warmen italienischen Rosa gestrichen werden müssen, das, mehr als alle anderen Farben, die Farbe der Liebe ist. Aber um Héloise zu ärgern, würde ich das Ganze in ihrer Gegenwart immer als ›die Orangerie‹ bezeichnen.

Jedenfalls musste es gemacht werden. Wieder einmal wurde Mr Peregrine herbeigerufen, wieder einmal drängten sich Lastwagen in der Zufahrt, wieder einmal geriet Mrs H.s Leben zur Hölle – aber die Loggia wurde gebaut.

Und sie wurde hübsch, auch wenn ich das selbst sage. Sie fügte sich absolut harmonisch an die Architektur des übrigen Hauses an, trotz des italienischen Charakters der kleinen Säule, die eine Seite des Bogenfensters trug.

*

Zu den seltsamsten Eigenarten des Menschen gehört seine unendliche Fähigkeit, Dinge *nicht* wahrzunehmen. Die meisten von uns fühlen sich gedemütigt, wenn sie sich an den simpelsten Tests versuchen, die unsere Beobachtungsgabe auf die Probe stellen wollen. Wie viele Stufen führen zu Ihrer Haustür? Der Dalai Lama weiß es wahrscheinlich genauso gut wie Sie. Wie viele Zähne haben Sie im Mund? Viel zu viele, den Zahnarztrechnungen nach zu urteilen.

So war es auch bei dem neuen Blumenbeet. Ja, wir werden tatsächlich eins anlegen. Denn nachdem eine Besucherin sich im Garten umgesehen hatte, sagte sie zu mir: »Es ist nur schade, dass Sie keine Rosen haben.«

»Keine Rosen?«, rief ich. »Was reden Sie denn da? Ich habe eine *Gloire de Dijon*, eine *Etoile de Hollande* und eine *Souvenir de Claudius Denoyel*. Keine Rosen! Ich habe drei!«

»Ja, aber das sind alles Kletterrosen. Ich habe gewöhnliche Rosen gemeint«, sagte sie. »Teerosen und dergleichen.«

»Man kann eben nicht alles haben«, antwortete ich kurz angebunden. »Ich hätte gern eine Libanon-Zeder und einen Forellenbach, aber in der Stadt muss man eben Verzicht üben können.«

»Trotzdem«, beharrte sie, »finde ich es seltsam, dass Sie keine haben. Ich hätte gedacht, sie würden Ihnen fehlen.«

Zum Aus-der-Haut-Fahren, diese Frau. Als würden sie mir nicht fehlen, tagein, tagaus, Woche für Woche. Ich versuchte zu vergessen, was sie gesagt hatte, ohne Erfolg. Ich *musste* mehr Rosen haben, besonders Teehybriden, die so ideal zum Schneiden sind. Aber wo? Wo bloß?

Tagelang wanderte ich umher und suchte nach einem Platz für sie. Und plötzlich fand ich ihn. Ein ganz neues Beet, für mindestens ein Dutzend Rosen, und eine Menge andere Stauden noch dazu.

Daher die Erwähnung der unendlichen Fähigkeit des Menschen, Dinge nicht wahrzunehmen. Denn das neue Beet befand sich, ob Sie es glauben oder nicht, direkt unter meiner Nase, auf der Terrasse selbst.

Vielleicht erinnern Sie sich, dass auf dem Gartenplan auf Seite 82 zwei kleine Beete direkt am Haus eingezeichnet sind, eins unter dem Arbeitszimmerfenster, eins unter dem des Esszimmers. Sie waren nicht nur sehr klein, sondern auch sehr trocken, weil sie durch den Überhang des Dachs keinen Regen abbekamen. Trotzdem machten sich die Pflanzen in ihnen gar nicht mal so schlecht. Im ersten Jahr hatten wir ziemlich schöne Russell-Lupinen und dazu ein oder zwei prachtvolle Rittersporne gehabt. Und im Herbst ein paar brave, anspruchslose Chrysanthemen.

Wieso hatte ich nicht früher an diese Beete gedacht? Weil ich die Terrasse nicht ruinieren wollte, vermutlich. Aber die Terrasse war im Vergleich zum restlichen Garten überproportioniert. Sicher, man konnte sie nicht mit dem Oberhaus vergleichen, aber mindestens vier Leute konnten nebeneinander darüber spazieren, was man von keinem anderen Teil des Gartens außer dem Rasen behaupten konnte. Warum sollten vier Leute nebeneinander über meine Terrasse spazieren können? Es würde nur störend wirken. Ohne Zögern ging ich in den Werkzeugschuppen, holte mir einen Pickel und fing an, auf die Platten einzuhacken.

Sie ließen sich problemlos anheben. Binnen einer Stunde war das Beet unter dem Esszimmerfenster viermal so groß wie zuvor. Es war jetzt – ein Beet. Ein wirklich respektables Beet, das sich weit unter dem Schutz des Dachs vorreckte, ins volle Sonnenlicht. Das größte Beet im ganzen Garten. Und es hatte fast drei Jahre lang genau unter meiner Nase gesessen, ohne etwas zu sagen.

Und zu meiner Begeisterung war nicht einmal die Terrasse verdorben. Zwar konnten keine vier Personen mehr nebeneinander spazieren, aber immerhin noch zwei. Und zwei Personen sind genau richtig – für einen Garten.

*

Jetzt, wo es endlich ein richtiges Beet gab, sollte ich Ihnen, um Ihr Interesse wachzuhalten, vielleicht erzählen, dass ich etwas sehr Sensationelles damit machte und es mit allen möglichen Sachen bepflanzte, von denen Sie noch nie etwas gehört haben, und dass ich damit wahrhaft spektakuläre Ergebnisse erzielte.

Ich tat nichts dergleichen. Ich besorgte einfach nur zwölf verschiedene Tee- und Edelrosen und pflanzte sie in einer Reihe am Rand entlang. Unter die Rosen kam eine Randbepflanzung aus Katzenminze. In die linke Ecke eine Gruppe Russell-Lupinen neben eine Gruppe Rittersporn. Dahinter ein paar Bergastern und frühe Chrysanthemen. Davor Phlox und sechs Akelei. In die hintere Ecke Nelken der Sorte Mrs Sinkins. Und dazwischen verstreute ich ein Päckchen Kornblumensamen.

Was konnte offensichtlicher sein? Nichts. Was entzückender? Nichts. Exoten sind schön und gut, aber zuerst *muss* man das Offensichtliche haben. Wie kann ein Garten Garten genannt werden, wenn sich diese alten Lieblinge nicht darin finden? Und obwohl es unglaublich klingt, war in dem Beet immer noch eine Menge Platz für diverse andere Pflanzen, die sich mir aufdrängten – meistens mitten in der Nacht.

Lavendel zum Beispiel. Wie konnte ich nur den Lavendel vergessen haben! Ich sprang aus dem Bett, schrieb »Lavendel, unbedingt« auf einen Zettel und klemmte ihn an den Spiegel. Am nächsten Morgen war der Zettel mit diversen weiteren Kritzeleien angefüllt:

Wieso keine Atlasblumen?
Schleifenblumen, unbedingt.
Eventuell 2 Glockenblumen?
Reseda! Egal, was sonst.
Nelkenwurz? Japanische Anemonen?

Springen Sie auch mitten in der Nacht aus dem Bett, weil Sie Angst haben, etwas zu vergessen? Schreiben Sie auch Notizen wie »Nächstes Jahr *Massen* an Traubenhyazinthen an der Straße entlang!« und wickeln sie um Ihre Zahnbürste, damit Sie sie gleich als Erstes morgen früh in Ihr Gartentagebuch übertragen können? Oder ist das eine persönliche Marotte von mir? Die ich auf die Spitze treibe?

*

Jedenfalls entwickelte der Garten sich weiter. Zunächst wurde auf der anderen Seite der zentralen Mauer unter der Kamelie ein neues Beet angelegt.

Es bedeutete, die einzige Stelle zu opfern, an der man völlig unbekleidet ein Sonnenbad nehmen konnte, aber das ließ sich nicht ändern. Dazu kamen zwei kleine Beete in zwei weiteren Ecken, ein dem Rasen entrissenes Fleckchen für Schlüsselblumen und jede Menge zusätzliche Rank- und Kletterpflanzen. Aber das Hauptbeet war das Aufregendste in diesem Sommer, denn hier kamen die Rosen hin. Und mit den Rosen hörte der Garten auf, ein Traum zu sein, und wurde zur Realität.

Hier eine Liste der Sorten, die zur ersten Lieferung gehörten. Es gab eine *Angèle Pernet* von überwältigender Schönheit. Die Kataloge beschreiben diese Rose als: »Im Inneren der Blüten leuchtendes Orangegelb, schattiert mit rötlichem Apricot, und außen einem Hauch Goldgelb.« Unehrerbietige Menschen fühlen sich vielleicht an ein schlecht pochiertes Ei erinnert, aber mit solchen Ignoranten brauchen wir uns nicht abzugeben.

Es gab eine *George Dickson*, eine der schönsten der sehr dunklen Rosen. Die dunkelste ist natürlich die irische *Night*, die tatsächlich wie schwarzer Samt wirkt – oder vielmehr wie schwarzer Samt unter einem Buntglasfenster, während die Abendsonne durch eine Scheibe aus schwelendem

Rot fällt. Aber die *Night* ist für die meisten von uns zu schwierig. Sie mäkelt in der Sonne und schmollt im Schatten. Die *George Dickson* trotzt den Elementen, feierlich, ernst, superb.

Das schönste Exemplar der Lieferung war eine *Mme Abel Chatenay* – eine zeitlose Rose und meiner Meinung nach die femininste von allen. Sie erinnert an die Rosen, die Boucher in den Schoß seiner schönsten Damen legte, obwohl sie einer späteren Periode angehören muss.

Frau Karl Druschki enttäuschte mich, folglich gab es keine weiße Rose. Ich persönlich glaube, dass Frau Karl allmählich vor die Hunde geht. Als ich ein Junge war, war sie hochbusig, aufrecht und von strahlender Reinheit. Doch in den letzten Jahren ist sie ziemlich schlampig und fahl geworden und zeigt deutliche Ermüdungserscheinungen. Ich kaufte sie in der Hoffnung, sie hätte sich vielleicht gebessert. Hatte sie nicht.

Aber es gab eine *Lady Forteviot*, die wie eine sonnenwarme Aprikose duftet, und eine *Mme Caroline Testout*, von der Frau Karl sich eine Scheibe abschneiden könnte. Denn obwohl auch Caroline eine legendäre Lady ist, hat sie sich ihren Teint makellos bewahrt. Tatsächlich scheint sie mit jedem Jahr strahlender zu werden, als flüstere jeder Sommer ihr ein Geheimnis zu, an das sie sich, lächelnd, jeden Juni neu erinnert.

Autumn, *Katherine Pechtold* und eine *Etoile de Hollande* vervollständigten die Liste. Beim Nachlesen scheine ich nur auf acht zu kommen. Es hätten zwölf sein müssen – nein, elf, in Anbetracht der mäkligen Frau Karl. Aber obwohl es in jener ersten Lieferung nicht von jeder Sorte eine Rose geben konnte, blühten sie alle freimütig den ganzen Sommer hindurch. Und wie bereits gesagt, erwachte der Garten mit ihren Blüten endgültig zum Leben.

Kapitel XII
Das letzte Kapitel

Kein Garten ist je fertig. Während ich dies schreibe, ist Mr Peregrine auf dem Weg hierher, und wenn er da ist, wird er sich eine weitere »Großartige Idee« anhören müssen, bei der es um die Erweiterung der Loggia und die Anlage einer Rebenlaube (lachen Sie nicht!) am Rand der Terrasse geht. Schon jetzt hat man das Gefühl, über dem Haus von Mrs Heckmondwyke braue sich ein Gewitter zusammen. Es wird sich entladen, sobald diese neue Idee Gestalt annimmt.

Als sei das nicht genug, werden Steinplatten hochgehievt, um Grasnelken und Felsengänseblümchen in einem Steingarten Zuflucht zu bieten, ein weiteres Beet wird auf wundersame Weise aus dem Nichts geschaffen, und ich spiele sogar mit dem Gedanken, einen Trauerahorn in die Mitte des Rasens zu pflanzen (aber bevor ich mich auf ein derart kühnes Unterfangen einlasse, müsste ich ein paar Tage in Klausur gehen.)

Doch dieses kleine Büchlein wird allmählich zu

lang. Und nun, da wir einen Punkt erreicht haben, an dem es möglich wäre, einen Strich zu ziehen, in der leisen Hoffnung, dadurch eine Art »künstlerisches Ganzes« zu erzielen – was hindert uns daran, es zu tun?

Wahrscheinlich nur der alte Drang, der uns zwingt, immer und immer wieder in einen Garten zurückzugehen, obwohl wir ihn in- und auswendig kennen, obwohl es immer dunkler wird und Stimmen aus dem Haus uns anflehen, uns um all die weltlichen Dinge zu kümmern, die wir vernachlässigen.

Ich werde Sie nicht damit langweilen, Sie zu bitten, mich noch einmal zu begleiten. Ein Gang durch den Garten war sicherlich mehr als genug. Aber da wir uns nur widerstrebend zum Haus zurückbewegen, glaube ich, eine gute Entschuldigung zu haben, unseren Abschied noch ein paar Augenblicke hinauszuzögern.

Wir alle wissen, dass ein Garten nicht vor der Tür eines wahren Gärtners aufhört. Er dringt ins Haus ein. Nicht nur in Form von Erde auf dem Teppich, sondern auch in Form von Katalogen auf dem Piano, Schnüren neben dem Telefon und Samenpäckchen auf dem Kaminsims. In einer Stadt kommt er manchmal noch mehr ins Haus als auf dem Land, weil der Platz so knapp ist, dass wir es uns nicht leisten können, einen einzigen Sims zu vernachlässigen, der einen Blumenkasten beherbergen könnte, oder den kleinsten Schrank, in dem wir eine Schale mit frühen römischen Hyazinthen vorziehen können.

Bevor Sie also durch die Diele und dann durch die Tür aus dem Haus gehen, nehmen Sie eine Minute Platz und trinken Sie einen Sherry mit mir. Danke. Wirklich großartig. Was haben Sie gesagt? Oh – der Paravent. Ja, ich hoffte, er würde Ihnen auffallen, weil ich ihn selbst gemacht habe. Was? Sehr nett von Ihnen, das zu sagen. Nein – überhaupt nicht schwierig. Wenn Sie zehn Minuten Zeit haben, kann ich Ihnen erklären, wie es gemacht wird.

*

Ich bin ziemlich froh, dass wir vor diesem Paravent stehengeblieben sind, der die Schatten von Blüten und zitternden Blättern eingefangen hat, denn auf seiner Oberfläche wiederholt sich bis in alle Ewigkeit eine meiner glücklichsten Erinnerungen an Allways. Und zwischen dem Garten von gestern und dem von heute ist der Paravent eins von vielen Verbindungsgliedern.

Gehen wir also zurück in die Vergangenheit, zurück zu einem Frühlingstag, der heute unendlich fern scheint, in einen kleinen Garten in Huntingdonshire.

An jenem besonderen Morgen, dem letzten im März, schien alles, was die Dichter je über diesen irgendwie unberechenbaren Monat geschrieben haben, wahr geworden zu sein. Tennysons himmelblauer Vogel war allüberall bemerkbar. Das Gleiche galt für die himmelblauen Blausterne, die sich überall im Garten ausbreiteten wie Wassertümpel, gemalt von Monet in seinen heitersten Momenten. Und die *Camellia Japonica* zeigte sich von ihrer prachtvollsten Seite. Jahrelang hatte ich ein oder zwei blühende Zweige dieser Japonica abschneiden wollen, der Versuchung aber mannhaft widerstanden. Ich hatte den Blick abgewandt, die Hände tief in den Taschen vergraben und war davongeeilt, Sachen vor mich hinbrummelnd wie: »Würde nur die Form verderben« und: »Im Haus würden sie sich sowieso höchstens eine Woche halten.«

Aber dieses Mal war die Japonica unwiderstehlich. Ich war den ganzen Tag immer wieder um sie herumgeschlichen, und als es dunkel wurde, wusste ich, dass ich den langen Abend nicht ohne sie überstehen konnte. Und so ging ich in einem

Augenblick der Selbstvergessenheit hinaus und schnitt etwa ein Dutzend Blütenzweige.

Es war natürlich Mord. Aber als die Zweige in dem schlichten weißen Krug mit den gemalten Blüten auf dem Klavier standen, schien das Verbrechen mir lohnenswert, denn sie waren so unglaublich schön. Die Blüten hatten die Farbe von Korallen, die vom Meerwasser ausgebleicht wurden, und die Blätter waren so kühl wie Jade, wenn sie mir diesen Rückfall in den Jargon früherer Zeiten verzeihen wollen. Die Zweige waren nur hastig ins Wasser gestellt worden, hatten sich aber selbst perfekt arrangiert.

Und während ich da stand und mich an ihnen freute, fiel mir auf, dass die Schatten, die sie an die weiße Wand warfen, fast genauso schön waren wie die Blumen selbst. Der Krug wurde ein winziges Stückchen verschoben. Ein neues Schattenmuster zeigte sich an der Wand. Es war, als spiele man mit einem lebenden Kaleidoskop. Der Krug wurde nochmals anders hingestellt. Wundervoll. Besser konnte es nicht werden. Denn das Schattenmuster besaß eine überaus eigenartige Anmut und Kühnheit. Beardsley hat nie etwas mit feinerer Linienführung gemalt.

»Was für eine Schande, dass diese Schönheit

verlorengehen muss«, dachte ich. Und dann … »Aber wieso eigentlich? Ich könnte mir einen Bleistift holen und das Muster nachzeichnen.«

Getrampel die Treppe hinauf. Schubladen werden aufgerissen. Wo und warum verstecken die Menschen Dinge? Endlich. Ein angekauter Bleistiftstummel, aber er wird genügen. Getrampel die Treppe hinunter. Und dann zeichne ich mit leise zitternden Fingern das Muster nach.

Es dauert ein paar Stunden. Das Essen wird kalt. Im Cottage ist Anspannung zu spüren. Aber als ich fertig bin und die Vase beiseiteschiebe und das Licht auf die Wand richte, ist da das Muster in seiner ganzen lebendigen Frische, und es ist kaum zu glauben, dass meine eigenen Finger es zuwege gebracht haben.

*

Noch ein Glas Sherry? Sehr schön. Nein … dieser Paravent wurde nicht in Allways gemacht, aber er entstand nach demselben Prinzip.

Natürlich kann man nicht ständig durchs Haus rennen und die Wände hinter Blumenvasen bekritzeln, denn dann treten die Verwandten auf den Plan und verfrachten einen mit kaum verhohlener Erleichterung in die Irrenanstalt.

Doch wenn Sie dieses Spiel ernsthaft betreiben und sich genügend Mühe damit geben, werden Sie viel Freude daran haben, und selbst wenn man Sie in eine Irrenanstalt steckt, können Sie in Ihrer Zelle damit weitermachen. Oder vielleicht nehmen Sie doch lieber einen Paravent.

Sie müssen jetzt wirklich gehen? Vielleicht ja, wenn Sie Ihren Zug noch erwischen wollen. Ich bringe Sie. Nein, das ist überhaupt keine Mühe. Es ist angenehm, in die Stadt zu fahren, weil der Garten danach nur umso schöner wirkt.

Auf Wiedersehen.

Ja, auf Wiedersehen. Kommen Sie doch wieder, wenn die Rosen blühen.

Zurück vom Bahnhof trete ich auf die kleine Terrasse und reiße ein Streichholz an. Ich bücke mich um nachzusehen, wie viel die winzigen Sämlinge in den letzten Stunden gewachsen sind. Komischerweise kommen sie mir unverändert vor. Unglaublich. Ich reiße noch ein Streichholz an …

Aber ich kann nicht erwarten, dass Sie die ganze Nacht neben mir stehenbleiben und Streichhölzer anreißen. Selbst Ihre Geduld hat Grenzen. Also werden wir diese Seiten schließen. Und während wir das tun, wissen wir beide, Sie und ich, dass die Welt ein friedlicherer Ort wäre, wenn alle Menschen Gärtner wären.

Karel Čapek

Das Jahr des Gärtners

Mit Zeichnungen von Anna Luchs

176 Seiten. Gebunden

ISBN: 978-3-89561-819-2

»Allen sonstigen Meinungen zum Trotz entsteht ein Gärtner weder aus Samen noch aus Schösslingen, Zwiebeln, Knollen oder Ablegern, er wächst einzig und allein durch die Erfahrung, durch die Umgebung und durch Naturbedingungen.«

Karel Čapeks herrlich erfrischender Klassiker der modernen Gartenliteratur liegt endlich in einer neuen Ausstattung vor – mit hinreißenden Zeichnungen der Schweizer Künstlerin Anna Luchs. Humorvoll, leidenschaftlich und selbstironisch ist *Das Jahr des Gärtners* ein unentbehrliches Buch für alle Gartenfreunde und die, die es werden wollen, selbst wenn sie nur einen Balkonkasten ihr Eigen nennen.

»Gartenhumor pur – ein Muss für jeden Gartenliebhaber!«

www.garten-literatur.de

»Das bereits 1929 entstandene humorvolle Gartenlesebuch des bekannten tschechischen Autors hat bis heute nichts an Aktualität eingebüßt.«

Garten+Haus

Schöffling & Co.

Vita Sackville-West

Sissinghurst

Portrait eines Gartens

Aus dem Englischen von Susanne Lange

160 Seiten. Gebunden

ISBN: 978-3-89561-709-6

1930 kauften die Schriftstellerin Vita Sackville-West und ihr Ehemann Harold Nicolson die Ruine von Schloss Sissinghurst in Kent. Über die Anlage ihres legendären Gartens, den heute jährlich 160 000 Menschen besuchen, schrieben die beiden in Briefen und Tagebüchern, in Kolumnen und Rundfunkbeiträgen. Julia Bachstein hat daraus ein Portrait zusammengestellt, das gleichermaßen zum Portrait einer Ehe wird.

»Vitas künstlerischer Geist lebt in ihrem Garten fort:
in den Eiben- und Lindengängen, den majestätischen Nussbäumen,
dem überbordenden Bauern- und dem betörenden Rosengarten,
den magischen Durchblicken zwischen hohen Buchsbaumhecken
und in den Türmen von Sissinghurst mit dem weiten Blick über
die sanften Hügel der Grafschaft Kent.«

Barbara von Becker / Deutschlandfunk

»Ein prächtiges Kleinod großer Gartenkunst!«

Bücher-Magazin

Schöffling & Co.

Paula Almqvist

Ein allzu schöner Gärtner

Ein Gartenkrimi

144 Seiten. Gebunden

ISBN: 978-3-89561-815-4

Unterwegs durch die Normandie, den wunderbaren Mont St. Michel schon vor dem inneren Auge – was könnte da weniger gelegen kommen als eine Autopanne!? Eine defekte Benzinpumpe zwingt die Erzählerin und ihren Ehemann Robert, mehrere Tage in dem Provinznest Merville zu warten. Doch der Zwischenstopp wird zum Glücksfall. Eine verwilderte Idylle aus Lorbeer und Flieder kreuzt ihren Weg, dahinter das Meer und davor ein Schild: Haus zu verkaufen. Als sie den Zuschlag erhält, macht sich die Erzählerin voller Begeisterung an die Arbeit und richtet sich im Haus und dem wunderbaren Garten ein. Das beschauliche Leben könnte beginnen – wäre nicht plötzlich die gerade neu gewonnene Freundin verschwunden. Eine fesselnde Geschichte über schöne Gärten und rätselhafte Dorfbewohner.

Elizabeth von Arnim

Elizabeth und ihr Garten

Aus dem Englischen von Sofia Blind
224 Seiten. Gebunden
ISBN: 978-3-89561-816-1

Westpommern, Ende des 19. Jahrhunderts: Die junge Australierin Elizabeth zieht mit ihrem deutschen Ehemann und den drei Kindern auf das ererbte Rittergut Nassenheide. Dort stürzt sie sich in die Gestaltung des vernachlässigten Gartens, um der Enge des Hauses und den Erwartungen an sie als Frau zu entfliehen. Intelligent und mit Augenzwinkern portraitiert die Autorin die gesellschaftlichen Verhältnisse ihrer Zeit.

Elizabeth von Arnim (1866–1941) war eine weltweit bekannte britisch-australische Schriftstellerin. Ihr Debüt *Elizabeth im Garten* entstand während ihres Aufenthalts in Deutschland und wurde ein unmittelbarer Erfolg, der bis heute anhält und begeistert. Der Klassiker der Gartenliteratur erscheint nun erstmals als vollständige deutsche Übersetzung, einschließlich eines Kapitels aus der erweiterten Ausgabe von 1900 – neu übersetzt und mit einer Nachbemerkung von Gartenautorin Sofia Blind.

»Wo Virginia Woolf sagt, jede Frau brauche ein eigenes Zimmer, hätte von Arnim gesagt, jede Frau brauche einen Garten.«
The Independent

Schöffling & Co.